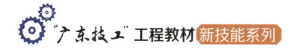
"广东技工"工程教材 新技能系列

U0611426

GUANGDONG
JIGONG

工业机器人
应用与调试

广东省职业技术教研室 组织编写

SPM 南方传媒

全国优秀出版社
全国百佳图书出版单位 广东教育出版社
·广 州·

图书在版编目（CIP）数据

工业机器人应用与调试／广东省职业技术教研室组织
编写. — 广州：广东教育出版社，2021.7（2022.6重印）
"广东技工"工程教材.新技能系列
ISBN 978-7-5548-4512-7

Ⅰ.①工…　Ⅱ.①广…　Ⅲ.①工业机器人—程序设
计—职业教育—教材　②工业机器人—调试方法—职业
教育—教材　Ⅳ.①TP242.2

中国版本图书馆CIP数据核字（2021）第205737号

出　版　人：朱文清
策　　　划：李　智
责任编辑：叶楠楠　易　意
责任技编：佟长缨
装帧设计：友间文化

工业机器人应用与调试
GONGYE JIQIREN YINGYONG YU TIAOSHI

广东教育出版社出版发行
（广州市环市东路472号12-15楼）
邮政编码：510075
网址：http://www.gjs.cn
佛山市浩文彩色印刷有限公司印刷
（佛山市南海区狮山科技工业园A区　邮政编码：528225）
787毫米×1092毫米　16开本　20.25印张　405 000字
2021年7月第1版　2022年6月第2次印刷
ISBN 978-7-5548-4512-7
定价：49.00元
质量监督电话：020-87613102　邮箱：gjs-quality@nfcb.com.cn
购书咨询电话：020-87615809

技能人才是人才队伍的重要组成部分，是推动经济社会发展的重要力量。党中央、国务院高度重视技能人才工作。党的十八大以来，习近平总书记多次对技能人才工作作出重要指示，强调劳动者素质对一个国家、一个民族发展至关重要。技术工人队伍是支撑中国制造、中国创造的重要基础，对推动经济高质量发展具有重要作用。要健全技能人才培养、使用、评价、激励制度，大力发展技工教育，大规模开展职业技能培训，加快培养大批高素质劳动者和技术技能人才。要在全社会弘扬精益求精的工匠精神，激励广大青年走技能成才、技能报国之路。要加快构建现代职业教育体系，培养更多高素质技术技能人才、能工巧匠、大国工匠。总书记的重要指示，为技工教育高质量发展和技能人才队伍建设提供了根本依据，指明了前进方向。

广东省委、省政府深入贯彻落实习近平总书记重要指示和党中央决策部署，把技工教育和技能人才队伍建设放在全省经济社会发展大局中谋划推进，高规格出台了新时期产业工人队伍建设、加强高技能人才队伍建设、提高技术工人待遇、推行终身职业技能培训制度等政策，高站位谋划技能人才发展布局。2019年，李希书记亲自点题、亲自谋划、亲自部署、亲自推进了"广东技工"工程。全省各地各部门将实施"广东技工"工程作为贯彻落实习近平新时代中国特色社会主义思想和习近平总书记对广东系列重要讲话、重要指示精神的具体行动，以服务制造业高质量发展、促进更加充分更高质量就业为导向，努力健全技能人才培养、使用、评价、激励制度，加快培养造就一支规模宏大、结构合理、布局均衡、技能精湛、素养优秀的技能人才队伍，推动广东技工与广东制造共同成长，为打造新发展格局战略支点提供了坚实的技能人才支撑。

在中央和省委、省政府的关心支持下，广东省人力资源和社会保障厅深入实施"广东技工"工程，聚焦现代化产业体系建设，以高质量技能人才供给为核心，以技工教育高质量发展和实施职业技能提升培训为重要抓手，塑造具有影响力的重大民生工程广东战略品牌，大力推进技能就业、技能兴业、技能脱贫、技能兴农、技能成才，让老百姓的增收致富道路越走越宽，在社会掀起了"劳动光荣、知识崇高、人才宝贵、创造伟大"的时代风尚。强化人才培养是优化人才供给的重要基础、必备保障，在"广东技工"发展壮大征程中，广东省人力资源和社会保障厅坚持完善人才培养标准、健全人才培养体系、夯实人才培养基础、提升人才培养质量，注重强化科研支撑，统筹推进"广东技工"系列教材开发，围绕广东培育壮大10个战略性支柱产业集群和10个战略性新兴产业集群，围绕培育文化技工、乡村工匠等领域，分类分批开发教材，构建了一套完整、科学、权威的"广东技工"教材体系，将为锻造高素质广东技工队伍奠定良好基础。

新时代意气风发，新征程鼓角催征。广东省人力资源和社会保障厅将坚持高质量发展这条主线，推动"广东技工"工程朝着规范化、标准化、专业化、品牌化方向不断前进，向世界展现领跑于技能赛道的广东雄姿，为广东在全面建设社会主义现代化国家新征程中走在全国前列、创造新的辉煌贡献技能力量。

广东省人力资源和社会保障厅

2021年7月

前言

"十四五"时期，我国改革开放和社会主义现代化建设进入高质量发展的新阶段，加快发展现代产业体系，推动经济体系优化升级已成为高质量发展的核心、基础与前提。制造业是国家经济命脉所系，习近平总书记多次强调要把制造业高质量发展作为经济高质量发展的主攻方向，促进我国产业迈向全球价值链中高端，特别对广东制造业发展高度重视、寄予厚望，明确要求广东加快推动制造业转型升级，建设世界级先进制造业集群。

广东作为全国乃至全球制造业重要基地，认真贯彻落实党中央、国务院决策部署，始终坚持制造业立省不动摇，持续加大政策供给、改革创新和要素保障力度，推动制造业集群化、高端化、现代化发展，现已成为全国制造业门类最多、产业链最完整、配套设施最完善的省份之一。但依然还存在产业整体水平不够高、新旧动能转换不畅、关键核心技术受制于人、产业链供应链不够稳固等问题。因此，为适应制造业高质量发展的新形势新要求，广东省委、省政府立足现有产业基础和未来发展需求，谋划选定十大战略性支柱产业集群和十大战略性新兴产业集群进行重点培育，努力打造具有国际竞争力的世界先进产业集群。

"广东技工"工程是广东省委、省政府提出的三项民生工程之一，以服务制造业高质量发展、促进更加充分更高质量就业为导向，旨在健全技能人才培养、使用、评价、激励制度，加快培养大批高素质劳动者和技能人才，为广东经济社会发展提供有力的技能人才支撑。"广东技工"工程教材新技能系列作为"广东技工"工程教材体系的重要板块，重在为广东制造业高质量发展实现关键要素资源供给保障提供技术支撑，聚焦10个战略性支柱产业集群和10个战略性新兴产业集群，不断推进技能人才培养"产学研"高度融合。

该系列教材围绕推动广东制造业加速向数字化、网络化、智能化发展而编写，教材内容涉及智能工厂、智能生产、智能物流等智能制造（工业化4.0）全过程，注重将新一代信息技术、新能源技术与制造业深度融合，首批选题包括《智能制造单元安装与调试》《智能制造生产线编程与调试》《智能制造生产线的运行与维护》《智能制造生产线的网络安装与调试》《工业机器人应用与调试》《工业激光设备安装与客户服务》《3D打印技术应用》《无人机装调与操控》《全媒体运营师H5产品制作实操技能》《新能源汽车维护与诊断》10个。该系列教材计划未来将20个产业集群高质量发展实践中的新技能培养、培训逐步纳入其中，更好地服务"广东技工"工程，推进广东省建设制造业强省，推进广东技工与广东制造共同成长。

该系列教材主要针对院校高技能人才培养，适度兼顾职业技能提升，以及企业职工的在岗、转岗培训。在编写过程中始终坚持"项目导向，任务驱动"的指导思想，"项目"以职业技术核心技能为导向，"任务"对应具体化实施的职业技术能力，涵盖相关理论知识及完整的技能操作流程与方法，并通过"学习目标""任务描述""学习储备""任务实施""任务考核"等环节设计，由浅入深，循序渐进，精简理论，突出核心技能实操能力的培养，系统地为制造业从业人员提供标准的技能操作规范，大幅提升新技能人才的专业化水平，推进广东制造新技术产业化、规模化发展。

在该系列教材的组织开发过程中，广东省职业技术教研室深度联系院校、新兴产业龙头企业，与各行业专家、学者共同组建编审专家委员会，确定教材体系，推进教材编审。广东教育出版社以及全体参编单位给予了大力支持，在此一并表示衷心感谢。

目录
c o n t e n t s

项目一 机器人基础工作站的应用与调试

项目二 机器人在码垛工作站中的应用与调试

项目三 机器人在涂胶工作站中的应用与调试

项目四 机器人在装配工作站中的应用与调试

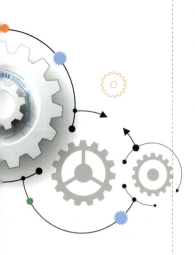

项目一
机器人基础工作站的
应用与调试

项目导入

　　机器人工作站是指以一台或多台机器人为主，配以相应的周边设备，或借助人工的辅助操作一起完成相对独立的作业或工序的一组设备组合。通过对工业机器人及其基础工作站的理论学习和上机操作，了解机器人的安全使用注意事项，掌握其系统结构、运行方式、程序编程、程序运行等理论知识，并以理论知识为基础掌握机器人的基本操作技能。本项目共有两个任务，分别为：

　　任务一　认识工业机器人

　　任务二　机器人夹具基本程序设计与调试

　　通过完成以上两个任务，读者能够掌握工业机器人的分类、特点等基础知识，学会工业机器人的基本编程及本体自动夹具更换程序设计与调试，为进一步开展后续复杂项目的学习与操作做好基础知识与技能的准备。

 **认识工业机器人**

学习目标

① 掌握工业机器人的定义。

② 熟悉工业机器人的常见分类及其行业应用。

③ 能结合工厂自动化生产线说出搬运机器人、码垛机器人、装配机器人、涂装机器人和焊接机器人的应用场合。

④ 能安全、规范地进行简单的机器人操作。

任务描述

　　机器人技术是综合了计算机、控制论、机构学、信息和传感技术、人工智能、仿生学等多种学科而形成的高新技术，是当代研究十分活跃、应用日益广泛的领域。而且，机器人应用情况是反映一个国家工业自动化水平的重要标志。本任务的主要内容就是了解工业机器人的定义及特点；通过现场参观，熟悉工业机器人的常见分类及行业应用；现场观摩或在技术人员的指导下安全、规范地操作工业机器人，并了解其基本组成。

一、工业机器人的定义及特点

1. 工业机器人的定义

国际上对工业机器人的定义有很多。

美国机器人工业协会（RIA）将工业机器人定义为：工业机器人是用来进行搬运材料、零部件、工具等可再编程的多功能机械手，或通过不同程序的调用来完成各种工作任务的特种装置。

日本工业机器人协会（JIRA）将工业机器人定义为：工业机器人是一种装备有记忆装置和末端执行器的，能够转动并通过自动完成各种移动来代替人类劳动的通用机器。

在我国1989年的国家标准草案中，工业机器人被定义为：一种自动定位控制，可重复编程、多功能、多自由度的操作机；操作机被定义为：具有和人手臂相似的动作功能，可在空间抓取物体或进行其他操作的机械装置。

国际标准化组织（ISO）曾于1984年将工业机器人定义为：机器人是一种自动的、位置可控的、具有编程能力的多功能机械手，这种机械手具有几个轴，能够借助可编程的操作来处理各种材料、零件、工具和专用装置，以执行各种任务。

2. 工业机器人的特点

（1）可编程。

生产自动化的进一步发展是柔性自动化。工业机器人可随其工作环境变化的需要而再编程，因此它能在小批量、多品种且具有均衡高效率的柔性制造过程中发挥很好的作用，是柔性制造系统的一个重要组成部分。

（2）拟人化。

工业机器人在机械结构上有类似人体结构的大臂、小臂、手腕、手爪等部分，由计算机控制。此外，智能化工业机器人还有许多类似人类的"生物传感器"，如皮肤型接触传感器、力传感器、负载传感器、视觉传感器、声觉传感器、语音功能传感器等。

（3）通用性。

除了专门设计的专用的工业机器人外，一般工业机器人在执行不同的作业任务时具有较好的通用性。例如，更换工业机器人末端执行器（手爪、工具等）便可执行不同的作业任务。

（4）机电一体化。

第三代智能机器人不仅具有获取外部环境信息的各种传感器，而且具有记忆、语言理解、图像识别、推理判断等人工智能，这些都是微电子技术的应用，特别是

与计算机技术的应用密切相关。工业机器人与自动化成套技术，集中并融合了多个学科，涉及多个技术领域，包括工业机器人控制技术、机器人动力学及仿真、机器人构建有限元分析、激光加工技术、模块化程序设计、智能测量、建模加工一体化、工厂自动化及精细物流等先进制造技术，技术综合性强。

二、工业机器人的安全使用

机器人与一般的自动化设备不同，其可在动作区域范围内高速自由运动，最高的运行速度可以达到 4 m/s，所以在操作时必须熟知工业机器人安全注意事项，并且严格遵守安全操作规程。

1. 工业机器人安全注意事项

（1）工业机器人的所有操作人员必须对自己的安全负责，在使用机器人时，必须遵守所有的安全条款，规范操作。

（2）机器人程序的设计人员、机器人应用系统的设计和调试人员、安装人员必须接受授权培训机构的操作培训才可进行单独操作。

（3）在进行机器人的安装、维修和保养时切记要关闭总电源。带电操作容易造成电路短路从而损坏机器人，操作人员有触电危险。

（4）在调试与运行机器人时，机器人的动作具有不可预测性，所有的动作都有可能产生碰撞而造成伤害，所以除调试人员以外的其他人员要与机器人保持足够的安全距离，一般应与机器人工作半径保持 1.5 m 以上的距离。

2. 工业机器人安全操作规程

（1）示教和手动机器人。

①请不要佩戴手套操作示教盘和操作盘。

②在点动操作机器人时，要采用较低的倍率速度以增加对机器人的控制机会。

③在按下示教盘上的点动键之前要考虑机器人的运动趋势。

④要预先考虑好避让机器人的运动轨迹，并确认该线路不受干涉。

⑤机器人周围区域必须清洁，无油、水及其他杂质等。

⑥必须确认现场人员情况，以及安全帽、安全鞋、工作服是否齐备。

（2）生产运行。

①在开机运行前，须知道机器人根据所编程序将要执行的全部任务。

②必须知道所有可控制机器人移动的开关、传感器和控制信号的位置和状态。

③必须知道机器人控制器和外围控制设备上的紧急停止按钮的位置，做好在紧急情况下按这些按钮的准备。

④永远不要认为机器人没有移动其程序就已经完成。因为这时机器人很有可能是在等待让它继续移动的输入信号。

3. 机器人安全使用规则

（1）安全教育的实施。

从安全因素考虑，示教作业等必须由受过操作教育训练的人员操作使用。（无切断电力的保养作业也相同）

（2）作业规程的制定。

请将示教作业依机器人的操作方法及手顺、异常时及再启动时的处理等制成相关作业规程，并遵守规章内容。（无切断电力的保养作业也相同）

（3）紧急停开关的设定。

示教作业请设定为可立即停止运转的装置。（无切断电力的保养作业也相同）

（4）示教作业中的表示。

示教作业中请将"示教作业中"的标示放置在启动开关上。（无切断电力的保养作业也相同）

（5）安全栅栏的设置。

运转中请确认使用围离或栅栏将操作人员与机器人隔离，防止直接接触机台。

（6）运转开始的信号。

运转开始，对于相关人员的信号有固定的方法，请依此进行。

（7）维护作业中的表示。

维护作业原则上请中断电力进行，请将"保养作业中"的标语放置在启动开关上。

（8）作业开始前的检查。

作业开始前请详细地检查，确认机器人及紧急停止开关、相关装置等无异常状况。

4. 机器人操作注意事项

（1）使用复杂的控制机器（PLC、按钮开关）执行机器人自动运转的情况下，各机器的操作权等的联锁请客户自行设计。

（2）请在规格范围内的环境中使用机器人，其他环境是造成机台故障易发生的原因，包括温度、湿度、空气、噪声等。

（3）请依照机器人指定的搬运姿势搬运或移动机器人，指定以外的搬运方式有可能使相关工件掉落而造成人身安全或机台故障。

（4）请确实将机器人固定在底座上，不稳定的姿势有可能使机器人产生位置偏移或发生振动。

（5）电线是产生噪声的原因，请尽可能将配线拉开距离，太接近有可能造成机器人位置偏移及动作错误。

（6）请勿用力拉扯接头或过度卷曲电线，否则有可能造成接触不良及电线断裂。

（7）夹爪所抓取的工件的重量请勿超出额定负荷及容许力矩，超出重量的情况下有可能发生异警及故障。

（8）请确实紧抓住手爪、安装工具及夹放的工件，以免运转中物体甩开而导致人员、物品的损伤。

（9）机器人及控制器的接地请确实接续，否则机器人容易因为噪声而做错误动作或导致触电事故发生。

（10）机器人在动作中时请标示为"运转"状态，没有标示的情况下容易导致人员接近或有错误的操作。

（11）在机器人的动作范围内做示教作业时，请务必确保机器人的控制有优先权，否则由外部指令使机器人启动，有可能造成人员及物品的损伤。

（12）JOG点动速度请尽量以低速进行，并在操作中请勿将视线离开机器人，否则容易干涉工件及周边装置。

（13）程序编辑后的自动运转前，请务必确认试运转动作，若无确认有可能出现程序错误与周边装置发生干涉的情况。

（14）自动运转中安全栅栏的出入口门打开被锁住的情况下，机器人会自动停止，否则会发生人员的损伤。

（15）请勿因个人意愿进行机械的改造及使用指定以外的零件，否则可能导致机械故障或损坏。

（16）从外部用手推动机器人手臂的情况下，请勿将手或指头放入开口部位，否则有可能会夹伤手或指头。

（17）请勿用将机器人控制器的主电源关闭的方式来使机器人停止或紧急停止，在自动运转中将控制器的主电源关闭有可能使机器人精度受到影响，且有可能发生手臂掉落或松动而干涉周边装置的情况。

（18）重写控制器内程序或参数等内部资料时，请勿将控制器的主电源关闭，自动运转中或程序、参数填写中时，若关闭控制器的主电源，则有可能破坏控制器的内部资料。

任务实施

一、工具设备准备

实施本任务教学所使用的实训工具及设备器材可参考表1-1-1。

表1-1-1　实训工具及设备器材

序号	分类	名称	型号规格	数量	单位
1	工具	电工常用工具	—	1	套
2		工业机器人	ABB 型号自定	1	套
3	设备器材	工业机器人	KUKA 型号自定	1	套
4		工业机器人	FANUC 型号自定	1	套
5		工业机器人	YASKAWA 型号自定	1	套
6		工业机器人	自定	1	套

二、观看工业机器人在工厂自动化生产线中的应用视频

请扫描二维码，观看工业机器人在工厂自动化生产线中的应用视频，记录工业机器人的品牌及型号，并查阅相关资料，了解工业机器人的类型、品牌和应用等，将其填写于表1-1-2中。

工业机器人在工厂自动化生产线中的应用视频

表1-1-2 观看工业机器人在工厂自动化生产线中的应用视频记录表

序号	类型	品牌及型号	应用场合
1	搬运机器人		
2	码垛机器人		
3	装配机器人		
4	焊接机器人		
5	涂装机器人		

三、参观工厂、实训室

参观工厂、实训室，记录工业机器人的品牌及型号，并查阅相关资料，了解工业机器人的主要技术指标及特点，将其填写于表1-1-3中。

表1-1-3 参观工厂、实训室记录表

序号	品牌及型号	主要技术指标	特点
1			
2			
3			

参观结束后，教师演示工业机器人的操作过程，并说明操作过程中的注意事项。在教师的指导下，学生分组进行简单的机器人操作练习。

任务考核

对任务实施的完成情况进行检查，并将结果填入表1-1-4内。

表1-1-4　项目一任务一测评表

序号	主要内容	考核要求	评分标准	配分/分	扣分/分	得分/分
1	观看视频	正确记录工业机器人的品牌及型号，正确描述主要技术指标及特点	（1）记录工业机器人的品牌、型号有错误或遗漏，每处扣5分； （2）描述主要技术指标及特点有错误或遗漏，每处扣5分	20		
2	参观工厂	正确记录工业机器人的品牌及型号，正确描述主要技术指标及特点	（1）记录工业机器人的品牌、型号有错误或遗漏，每处扣5分； （2）描述主要技术指标及特点有错误或遗漏，每处扣5分	20		
3	机器人操作练习	观察机器人操作过程，能说出工业机器人的安全注意事项、安全使用原则和操作注意事项；能正确进行工业机器人的简单操作	（1）不能说出工业机器人的安全注意事项，扣20分； （2）不能说出工业机器人的安全使用原则，扣20分； （3）不能说出工业机器人的操作注意事项，扣20分； （4）不能根据要求完成工业机器人的简单操作，扣50分	50		
4	安全文明生产	劳动保护用品穿戴整齐；遵守操作规程；讲文明，懂礼貌；操作结束后要清理现场	（1）操作中，违反安全文明生产考核要求的任何一项扣5分，扣完为止； （2）当发现学生有重大事故隐患时，要立即予以制止，并每次扣5分	10		
合计				100		
开始时间：			结束时间：			

任务二 机器人夹具基本程序设计与调试

学习目标

① 掌握RobotStudio编程软件的基本功能使用方法。

② 掌握六轴工业机器人参数设置与程序设计。

③ 掌握六轴工业机器人示教器的使用方法。

④ 会使用ABB六轴工业机器人程序设计的基本语言，完成ABB六轴工业机器人自动换夹具控制程序的设计和调试，并能解决程序运行过程中出现的常见问题。

任务描述

有一台ABB六轴工业机器人，配置了两种夹具，分别用来完成汽车车窗分拣和汽车轮胎立体码垛这两个工作站的工作，现需要设计机器人自动换夹具的机器人控制程序并示教，机器人自动换夹具程序在后续项目三、项目四中都需要用到。

具体的控制要求：在联机状态下，当机器人检测到来自两个工作站中任意一个工作站的开始信号时，可以自动更换与工作相对应的夹具以适应接下来的工作。

学习储备

一、RobotStudio编程软件的基本功能使用

RobotStudio软件的基本功能请参考机械工业出版社出版的叶晖等编著的《工业机

器人实操与应用技巧》教材。

二、创建机器人工具数据与工件坐标系

在进行正式的编程之前，需要构建起必要的编程环境，创建机器人的工具数据与工件坐标系。

1. 创建机器人工具数据

工具数据（tooldata）用于描述安装于机器人第六轴上工具的中心点（TCP）、质量、重心等参数数据；一般不同的机器人应配置不同的工具，在执行机器人程序时，就是机器人将TCP移至编程位置，如果更改工具以及工具坐标系，那么机器人的移动也会随之改变，以使新的TCP到达目标。

（1）TCP设定原理。

①首先在机器人工作范围内找一个非常精确的固定点作为参考点。

②然后在工具上确定一个参考点（最好是TCP）。

③手动操纵机器人去移动工具上的参考点，为了获得准确的TCP，可以使用六点法。第四点是用工具的参考点垂直于固定点，第五点是工具参考点从固定点向将要设定为TCP的X方向移动，第六点是工具参考点从固定点向将要设定为TCP的Z方向移动。

④机器人根据这几个位置点的位置数据计算所求TCP的数据，然后TCP的数据就被保存在tooldata这个程序中以被调用。

（2）创建工具数据TCP。

以图1-2-1示例说明工具数据TCP创建操作步骤。

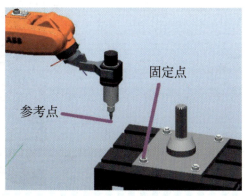

图1-2-1　TCP创建示例

①单击"ABB"，选择"手动操纵"，如图1-2-2所示；选择"工具坐标"，如图1-2-3所示。

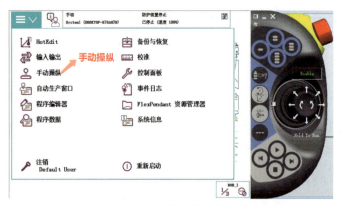

图1-2-2　选择"手动操纵"

图1-2-3　选择"工具坐标"

②单击"新建..."，如图1-2-4所示；将新建工具数据命名为"tool1"，并在设定好工具数据属性后，单击"确定"，如图1-2-5所示。

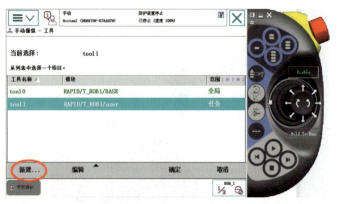

图1-2-4　单击"新建..."

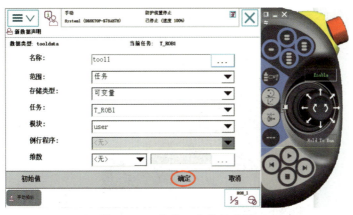

图1-2-5   设定工具数据属性

③选中"tool1"后，单击"编辑"菜单中的"定义..."选项，如图1-2-6所示；
点击"方法"的下拉菜单，选择"TCP和Z，X"，使用六点法设定TCP，如图1-2-7
所示。

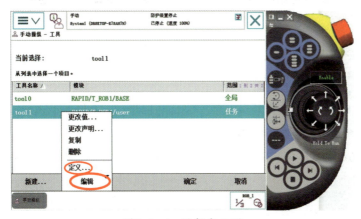

图1-2-6   编辑定义项

图1-2-7   选择六点法

④选择合适的手动操纵模式，使用摇杆将工具参考点靠上固定点，作为点1，如图1-2-8所示；点击"修改位置"，将点1位置记录下来，如图1-2-9所示。

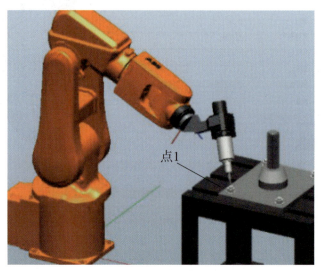

图1-2-8　靠上固定点，作为点1

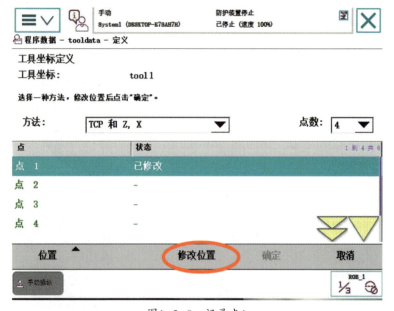

图1-2-9　记录点1

⑤变换机器人工具姿态，作为点2，如图1-2-10所示；点击"修改位置"，将点2位置记录下来，如图1-2-11所示。

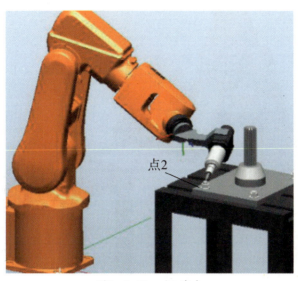

图1-2-10　点2姿态

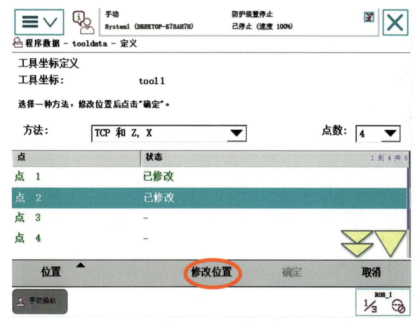

图1-2-11　记录点2

⑥变换机器人工具姿态，作为点3，如图1-2-12所示；点击"修改位置"，将点3位置记录下来，如图1-2-13所示。

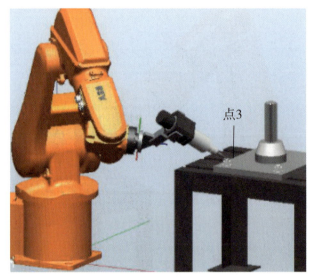

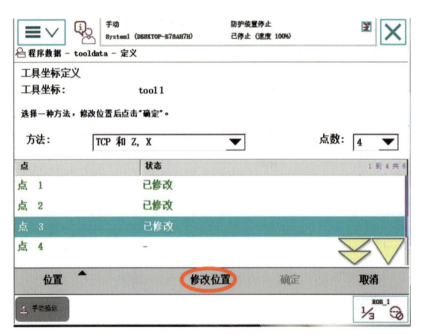

图1-2-12　点3姿态

图1-2-13　记录点3

　　⑦变换机器人工具姿态，作为点4，如图1-2-14所示；点击"修改位置"，将点4位置记录下来，如图1-2-15所示。

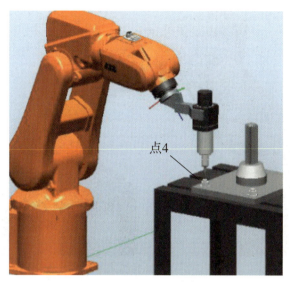

图1-2-14　点4姿态

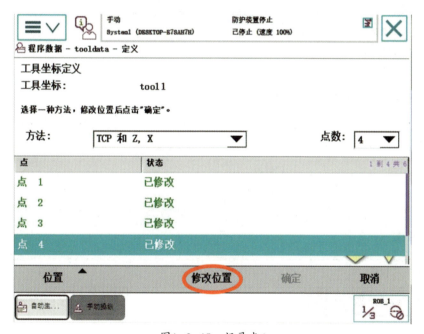

图1-2-15　记录点4

⑧工具参考点以点4的姿态从固定点移动到工具的+X方向，如图1-2-16所示；点击"修改位置"，将延伸器点X位置记录下来，如图1-2-17所示。

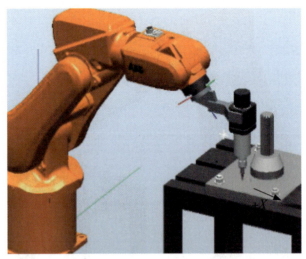

图1-2-16 延伸器点X姿态

图1-2-17 记录延伸器点X

⑨工具参考点以点4的姿态移动到工具的+Z方向，如图1-2-18所示；点击"修改位置"，将延伸器点Z位置记录下来，点击"确定"，如图1-2-19所示。

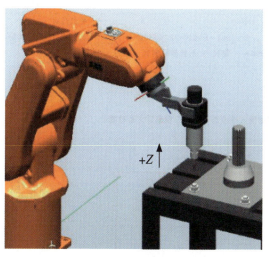

图1-2-18　延伸器点Z姿态

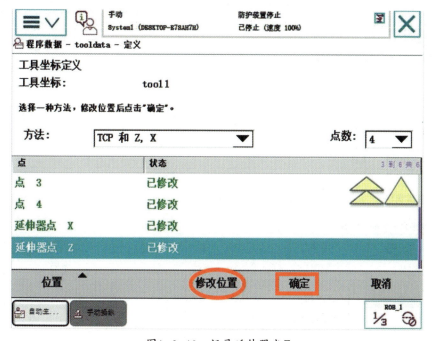

图1-2-19　记录延伸器点Z

⑩出现图1-2-20所示的误差界面，值越小越好，点击"确定"；选中"tool1"，打开"编辑"菜单选择"更改值…"，如图1-2-21所示。

工业机器人 应用与调试

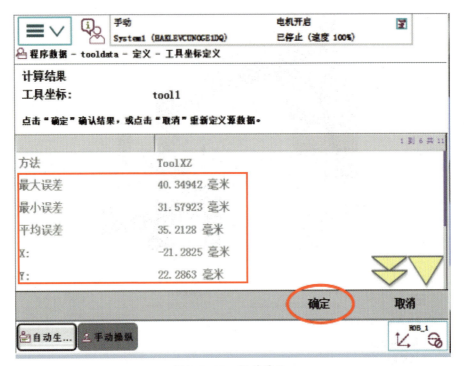

图1-2-20　误差界面

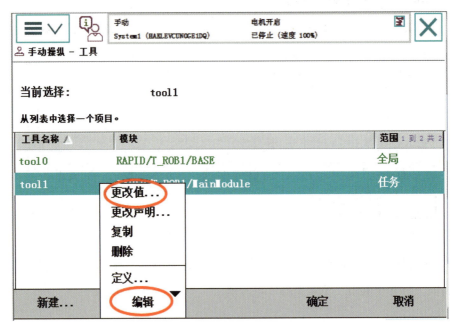

图1-2-21　编辑界面

⑪按翻页箭头，找到工具的质量mass一栏，根据实际设定，点击"确定"，如图1-2-22所示。

图1-2-22　质量设置界面

⑫设定好的工具数据tool1，需要在重定位模式下验证是否精确，如图1-2-23所示，回到手动界面，选定"重定位"，坐标系选定为"工具"，工具坐标选定为"tool1"；如果TCP设定精确，可以看到工具参考点与固定点始终保持接触，而机器人会根据重定位操作改变姿态，如图1-2-24所示。

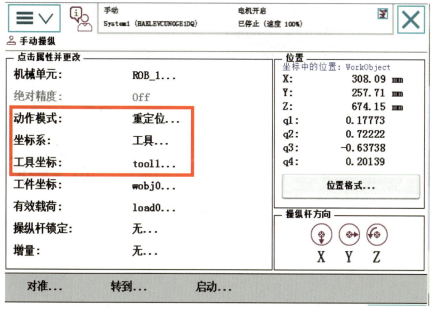

图1-2-23　验证选定

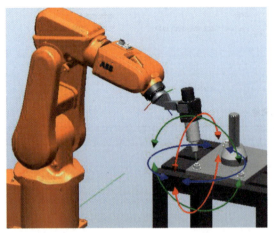

图1-2-24　机器人改变姿态运动轨迹

2. 创建工件坐标系

工件坐标对应工件，它定义工件相对于大地坐标（或其他坐标）的位置，对机器人进行编程就是在工件坐标中创建目标和路径；重新定位工作站中的工件时，只需要更改工件坐标位置，所有的路径将即刻随之更新。

在对象的平面上，只需定义3个点，就可以创建一个工件坐标系，如图1-2-25所示，X_1点确定工件坐标原点，X_1、X_2确定坐标X正方向，Y_1确定坐标Y正方向，最后Z的正方向根据右手定则得出。工件坐标系的创建操作如图1-2-26所示。

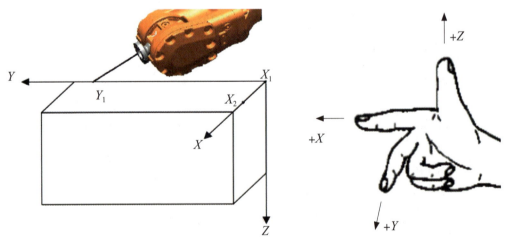

图1-2-25　工件坐标系创建原理

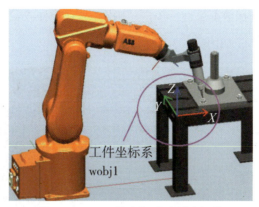

图1-2-26　工件坐标系的创建操作

（1）点击"ABB"，选择"手动操纵"，在手动画面中选择"工件坐标"，如图1-2-27所示；点击"新建..."，如图1-2-28所示。

图1-2-27　选择"工件坐标"

图1-2-28　选择"新建..."

（2）设定工件坐标数据属性，单击"确定"，如图1-2-29所示；打开"编辑"菜单，选择"定义..."，如图1-2-30所示。

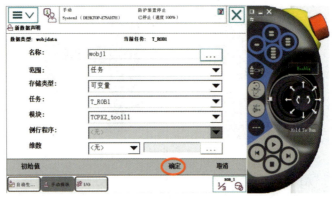

图1-2-29　设定数据属性

图1-2-30　编辑定义

（3）将用户方法设定为"3点"，如图1-2-31所示；手动操作机器人，让工具中心点靠近图1-2-32所示的X_1点，作为工件坐标系原点。

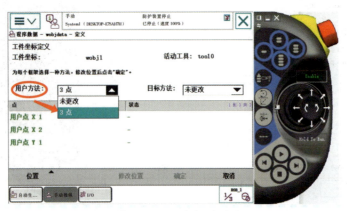

图1-2-31　选定3点法

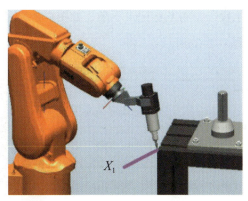

图1-2-32 定义原点

（4）单击"修改位置"，将X_1点记录下来，如图1-2-33所示；沿着待定义工件坐标的X正方向，操作机器人靠近工件坐标X_2点，如图1-2-34所示。

图1-2-33 记录原点

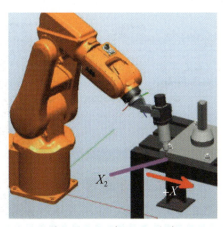

图1-2-34 定义X正方向

（5）单击"修改位置"，将X_2点记录下来，如图1-2-35所示；手动操作机器人靠近工件坐标Y_1点，如图1-2-36所示。

图1-2-35　记录X_2点

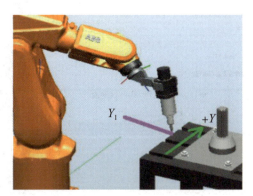

图1-2-36　定义Y正方向

（6）单击"修改位置"，将Y_1点记录下来，然后点击"确定"，如图1-2-37所示；对自动生成的工件坐标数据进行确认，点击"确定"，如图1-2-38所示。

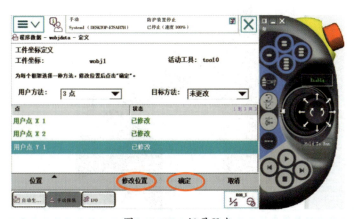

图1-2-37　记录Y_1点

图1-2-38　确认生成数据

（7）选择wobj1后，点击"确定"，如图1-2-39所示；按照图1-2-40所示设定好手动操作画面项目，使用线性模式，体验新建立的工件坐标系。

图1-2-39　选择wobj1

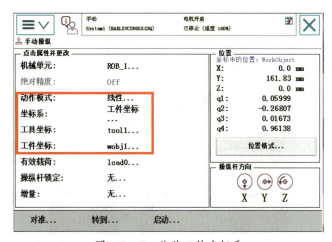

图1-2-40　体验工件坐标系

（8）回到工作站，点击"同步"中的"同步到工作站…"，如图1-2-41所示；出现图1-2-42所示的对话框，勾选"工作坐标""wobj1"，点击"确定"。

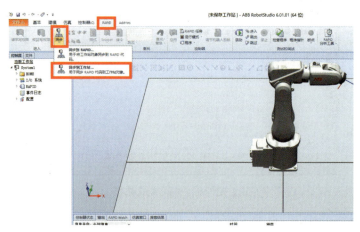

图1-2-41　同步到工作站

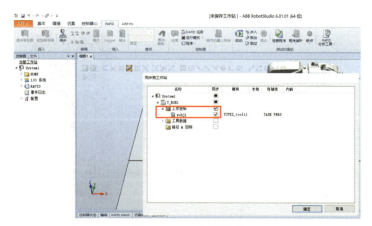

图1-2-42　确认同步

（9）同步完成，在工作站能看到wobj1，如图1-2-43所示。

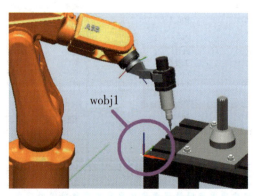

图1-2-43　工件坐标系

任务实施

一、工具设备准备

实施本任务教学所使用的实训工具及设备器材可参考表1-2-1。

表1-2-1　实训工具及设备器材

序号	分类	名称	型号规格	数量	单位
1	工具	电工常用工具	—	1	套
2		内六角扳手	3.0 mm	1	个
3		内六角扳手	4.0 mm	1	个
4	设备器材	ABB机器人	SX-CSET-JD08-05-34	1	套
5		立体码垛模型	SX-CSET-JD08-05-29	1	套
6		检测排列模型	SX-CSET-JD08-05-30	1	套
7		三爪夹具组件	SX-CSET-JD08-05-10	1	套
8		按键吸盘组件	SX-CSET-JD08-05-11	1	套
9		夹具座组件	SX-CSET-JD08-05-15A	2	套
10		气源两联件组件	SX-CSET-JD08-05-16	1	套

二、ABB工业机器人的使用准备

1. 上电前的检查

（1）观察机构上各元件外表是否有明显移位、松动或损坏等现象，如果存在以上现象，及时调整、紧固或更换元件；还要观察输送带上是否放置了物料，如果未放置，则要及时放置物料。

（2）对照接口板端子分配表或接线图检查桌面和挂板接线是否正确，尤其要检查24 V电源，电气元件电源线等线路是否有短路、断路现象。

【提示】设备初次组装调试时必须认真检查线路是否正确；机器人伺服速度调至30%以下。

2. 硬件调试

（1）接通气路，打开气源，手动按电磁阀，确认各气缸及传感器的初始状态。

（2）吸盘夹具的气管不能出现折痕，否则会导致吸盘不能吸取车窗，如图1-2-44所示。

图1-2-44　吸盘夹具

（3）槽型光电（EE-SX951P）传感器如图1-2-45所示。各夹具安放到位后，槽型光电传感器无信号输出；安放有偏差时，槽型光电传感器有信号输出，此时需要调节槽型光电传感器位置使偏差小于1.0 mm。如图1-2-46所示。

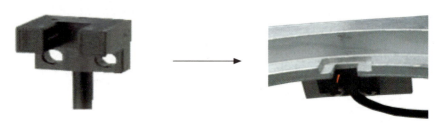

图1-2-45　槽型光电（EE-SX951P）传感器

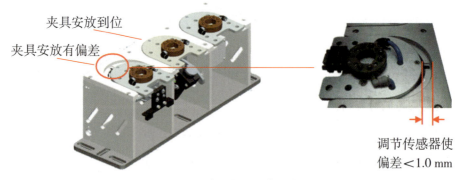

夹具安放到位
夹具安放有偏差
调节传感器使偏差＜1.0 mm

图1-2-46　槽型光电传感器夹具安放

（4）节流阀的调节：打开气源，用小一字螺丝刀对气动电磁阀的测试旋钮进行操作，如图1-2-47所示，调节气缸上的节流阀使气缸动作顺畅、柔和。

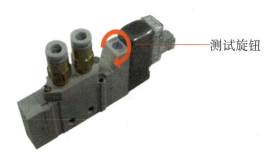

测试旋钮

图1-2-47　节流阀的调节

3. 六轴机器人的调试

（1）机器人的硬件接线如图1-2-48所示，把机器人本体、控制器、示教器连接起来。

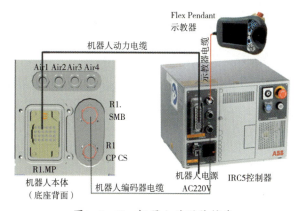

图1-2-48　机器人的硬件接线

（2）机器人原点数据写入（参照机器人机械原点的位置更新）如图1-2-49所示；配置机器人I/O板并定义关联输入/输出信号。

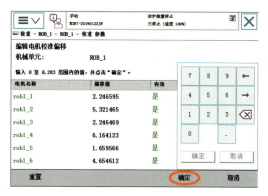

图1-2-49　机器人原点数据写入

三、根据机器人自动换夹具的任务要求，设计机器人程序

1. 规划并绘制机器人运行轨迹图

机器人取夹具时，点的位置如图1-2-50所示。

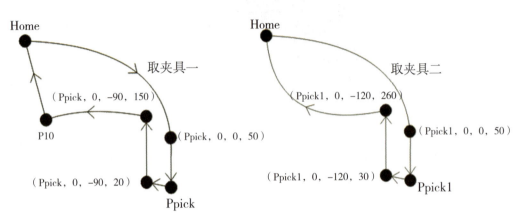

图1-2-50　机器人取夹具轨迹图

2. 根据轨迹图设计机器人程序

根据机器人运动轨迹设计机器人程序，首先设计机器人主程序和取夹具、放夹具子程序，设计子程序后关键点要示教。

（1）机器人主程序设计（仅供参考）。

```
PROC main（ ）
        DateInit;
        rHome;
        WHILE TRUE DO
            TPWrite "Wait Start.....";
            WHILE DI10_15=0 AND DI10_16=0 DO
            ENDWHILE
            TPWrite "Running: Start.";
            WHILE DI10_15=1 DO
                Reset DO10_9;
                Gripper3;
                Detection;
                !placeGripper3;
```

```
            DateInit;

        ENDWHILE

        WHILE DI10_16=1 DO

            Reset DO10_9;

            Gripper1;

            Tirepallet;

            DateInit;

            !placeGripper1;

        ENDWHILE

    ENDWHILE

ENDPROC
```

（2）机器人取吸盘夹具子程序设计（仅供参考）。

```
PROC Gripper3（）

    MoveJ Offs(ppick1,0,0,50),v200,z60,tool0;

    Set DO10_1;

    MoveL Offs(ppick1,0,0,0),v20,fine,tool0;

    Reset DO10_1;

    WaitTime 1;

    MoveL Offs(ppick1,−3,−120,30),v50,z60,tool0;

    MoveL Offs(ppick1,−3,−120,260),v100,z60,tool0;

ENDPROC
```

（3）机器人放吸盘夹具子程序设计（仅供参考）。

```
PROC placeGripper3（）

    MoveJ Offs(ppick1,−3,−120,220),v200,z100,tool0;

    MoveL Offs(ppick1,0,−120,20),v100,z100,tool0;

    MoveL Offs(ppick1,0,0,0),v60,fine,tool0;

    Set DO10_1;

    WaitTime 1;

    MoveL Offs(ppick1,0,0,40),v30,z100,tool0;
```

```
MoveL Offs(ppick1,0,0,50),v60,z100,tool0;

Reset DO10_1;

Reset DO10_10;

Reset DO10_11;

Reset DO10_12;

IF DI10_12=0 THEN

MoveJ Home,v200,z100,tool0;

ENDIF
ENDPROC
```

（4）机器人取三爪夹具子程序设计（仅供参考）。

```
PROC Gripper1（ ）

MoveJ Offs(ppick,0,−100,200),v200,z60,tool0;

MoveJ Offs(ppick,0,0,50),v200,z60,tool0;

Set DO10_1;

MoveL Offs(ppick,0,0,0),v40,fine,tool0;

Reset DO10_1;

WaitTime 1;

MoveL Offs(ppick,−3,−90,20),v50,z100,tool0;

MoveL Offs(ppick,−3,−90,150),v100,z60,tool0;

MoveJ Home,v200,z100,tool0;

ENDPROC
```

（5）机器人放三爪夹具子程序设计（仅供参考）。

```
PROC placeGripper1（ ）

MoveJ Offs(ppick,−2.5,−120,200),v200,z100,tool0;

MoveL Offs(ppick,−2.5,−120,20),v100,z100,tool0;

MoveL Offs(ppick,0,0,0),v40,fine,tool0;

Set DO10_1;

WaitTime 1;

MoveL Offs(ppick,0,0,40),v30,z100,tool0;
```

MoveL Offs(ppick,0,0,50),v60,z100,tool0;

Reset DO10_1;

ENDPROC

四、机器人程序示教

程序下载完毕后，用示教器进行点的示教，所需示教的点见表1-2-2。

表1-2-2　机器人测试示教调试记录表（1）

设备名称		日期		
设备型号		示教人员		
示教点	注释	实际运动点		偏差
Home	机器人初始位置	程序中定义		
Ppick	取三爪夹具点			
Ppick1	取吸盘夹具点			
P10	过渡点			
结论				

五、程序调试

将所设计的程序下载后试运行，针对试运行中出现的问题进行具体调试，并将试运行过程中遇到的问题与解决方案记录下来。

任务考核

对任务实施的完成情况进行检查，并将结果填入表1-2-3内。

表1-2-3　项目一任务二测评表

序号	主要内容	考核要求	评分标准	配分/分	扣分/分	得分/分
1	机器人单元控制程序的设计和调试	列出PLC控制I/O（输入/输出）元件地址分配表，根据加工工艺，设计梯形图及PLC控制I/O（输入/输出）接线图	（1）输入/输出地址遗漏或错误，每处扣5分； （2）梯形图表达不正确或画法不规范，每处扣1分； （3）接线图表达不正确或画法不规范，每处扣2分	40		
		按PLC控制I/O（输入/输出）接线图在配线板上正确安装，安装要准确、紧固，配线导线要紧固、美观，导线要进线槽，导线要有端子标号	（1）损坏元件扣5分； （2）布线不进线槽、不美观，主电路、控制电路每根扣1分； （3）接点松动、露铜过长、反圈、压绝缘层，标记线号不清楚、遗漏或误标，引出端无别径压端子，每处扣1分； （4）损伤导线绝缘层或线芯，每根扣1分； （5）不按PLC控制I/O（输入/输出）接线图接线，每处扣5分	10		
		熟练、正确地将所编程序输入PLC；按照被控设备的动作要求进行模拟调试，达到设计要求	（1）不会熟练操作PLC键盘输入指令扣2分； （2）不会用删除、插入、修改、存盘等命令，每项扣2分； （3）仿真试车不成功扣30分	40		
2	安全文明生产	劳动保护用品穿戴整齐；遵守操作规程；讲文明，懂礼貌；操作结束后要清理现场	（1）操作中，违反安全文明生产考核要求的任何一项扣5分，扣完为止； （2）当发现学生有重大事故隐患时，要立即予以制止，并每次扣5分	10		
合计				100		
开始时间：			结束时间：			

项目二
机器人在码垛工作站中的应用与调试

项目导入

　　码垛是除了走两点的直线搬运以外，工业机器人最基本的应用之一。工业机器人将杂乱无序的物体，按一定规则排列堆叠的过程称为码垛，其具有高精度、高速度、稳定的特点。码垛机器人作为生产行业应用最为广泛的智能机器人之一，有着巨大的发展空间。码垛作业由传统的人工方式逐步向智能化、高效化转变，这种转变已经成为工业发展过程中的必然趋势。本项目共有四个任务，分别为：

　　任务一　认识码垛工业机器人工作站

　　任务二　立体码垛单元的组装、程序设计与调试

　　任务三　机器人轮胎码垛入仓的程序设计与调试

　　任务四　码垛工作站的整机程序设计与调试

　　通过完成以上四个任务，读者能够初步掌握码垛机器人的基本应用能力，基本掌握工业机器人应用编程、码垛工作站的安装与调试、机器人与PLC的I/O通信以及码垛工作站的综合调试等应用能力。

任务一　认识码垛工业机器人工作站

学习目标

1. 了解码垛机器人的分类及特点。
2. 掌握码垛机器人的系统组成及功能。
3. 熟悉机器人轮胎码垛工作站。
4. 能够识别码垛机器人工作站的基本构成。

任务描述

　　码垛机器人是在人工码垛、码垛机码垛两个阶段之后出现的自动化码垛作业智能化设备。码垛机器人的出现，不仅可改善劳动环境，而且对降低劳动强度、保证人身安全、减少辅助设备资源、提高劳动生产率等具有重要的意义。码垛机器人可使运输工业提升码垛效率、加快物流速度、获得整齐统一的码垛、减少物料破损与浪费。因此，码垛机器人将逐步取代传统码垛方式以实现生产制造"新自动化、新无人化"，生产行业也将因码垛机器人的出现而拥有"新起点"。图2-1-1所示是机器人轮胎码垛工作站。

图2-1-1　机器人轮胎码垛工作站

　　本任务的目标：通过学习，掌握码垛机器人的分类及特点、系统组成及功能、工作站组成，并能通过现场参观了解机器人轮胎码垛工作站的工作过程。

学习储备

一、码垛机器人的分类及特点

　　码垛机器人作为工业机器人中的一员，其结构形式和其他类型机器人相似（尤其是搬运机器人），码垛机器人与搬运机器人在本体结构上没有很大区别，通常可以认为码垛机器人本体比搬运机器人大。在实际生产当中，码垛机器人多为4轴且多数带有辅助连杆，连杆主要起增加力矩和平衡的作用，码垛机器人多安装在物流线末端，不能进行横向或纵向移动。从结构方面看，常见的码垛机器人多为关节式码垛机器人、摆臂式码垛机器人和龙门式码垛机器人，如图2-1-2所示。

（a）关节式码垛机器人　　　　　　　　　　（b）摆臂式码垛机器人

（c）龙门式码垛机器人

图2-1-2　码垛机器人分类

码垛机器人作为新的智能化码垛设备，具有作业高效、码垛稳定等优点，可解放工人的繁重体力劳动，已在各个行业的物流包装线中发挥重大作用，归纳起来，码垛机器人主要有以下几个方面的优点：

（1）占地面积小，动作范围大，减少空间浪费。

（2）能耗低，降低运行成本。

（3）提高生产效率，解放繁重体力劳动，实现"无人"或"少人"码垛。

（4）改善工人劳作条件，摆脱有毒、有害环境。

（5）柔性强，适应性强，可实现不同物料码垛。

（6）定位准确，稳定性强。

二、码垛机器人的系统组成及功能

码垛机器人需要与相应的辅助设备组成一个柔性化系统，才能进行码垛作业。以关节式为例，常见的码垛机器人主要由操作机、控制系统、码垛系统（气体发生装置、液压发生装置）和安全保护装置组成，如图2-1-3所示。操作者可通过示教器和操作面板进行码垛机器人运动位置和动作程序的示教，设定运动速度、码垛参数等。

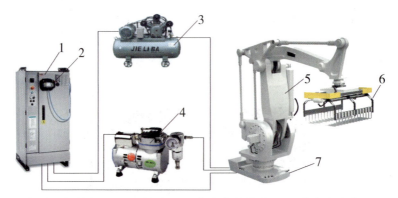

1—机器人控制柜；2—示教器；3—气体发生装置；4—真空发生装置；

5—操作机；6—夹板式手爪；7—底座

图2-1-3　码垛机器人系统组成

关节式码垛机器人常见本体多为4轴，也有5轴、6轴码垛机器人，但在实际物流包装线中5轴、6轴码垛机器人相对较少。码垛主要在物流线末端进行，码垛机器人安装在底座（或固定座）上，其位置的高低由生产线高度、托盘高度及码垛层数共同决定，多数情况下，码垛精度的要求没有机床上下料搬运精度高。为节约成本、减少投入资金、提高效益，4轴码垛机器人足以满足日常码垛要求。图2-1-4所示为KUKA、FANUC、ABB、YASKAWA四大品牌各自的码垛机器人本体结构。

（a）KUKA KR 700PA

（b）FANUC M-410iB

（c）ABB IRB 660

（d）YASKAWA MPL80

图2-1-4　四大品牌码垛机器人本体

码垛机器人的末端执行器（手爪）是夹持物品移动的一种装置，常见形式有吸附式、夹板式、抓取式、组合式。

1. 吸附式末端执行器

在码垛中，吸附式末端执行器依据吸力不同可分为气吸附和磁吸附，广泛应用于医药、食品、烟酒等生产制造行业。

（1）气吸附。

气吸附主要是利用吸盘内压力和大气压之间的压力差进行工作，依据压力差不同分为真空吸盘吸附、气流负压气吸附、挤压排气负压气吸附等，工作原理如图2-1-5所示。

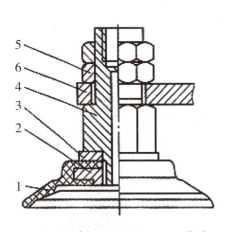

1—橡胶吸盘；2—固定环；3—垫片；

4—支撑杆；5—螺母；6—基板

（a）真空吸盘吸附

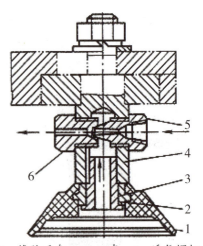

1—橡胶吸盘；2—心套；3—透气螺钉；

4—支撑架；5—喷嘴；6—喷嘴套

（b）气流负压气吸附

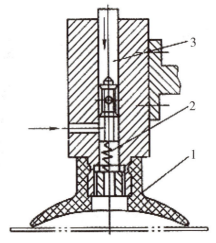

1—橡胶吸盘；2—弹簧；3—拉杆

（c）挤压排气负压气吸附

图2-1-5　气吸附吸盘

①真空吸盘吸附。其是通过连接真空发生装置和气体发生装置实现抓取和释放工件。工作时，真空发生装置将吸盘与工件之间的空气吸走使其达到真空状态，此时，吸盘内的大气压小于吸盘外的大气压，工件在外部压力的作用下被抓取。

②气流负压气吸附。利用流体力学原理，通过压缩空气（高压）高速流动带走吸盘内气体（低压），使吸盘内形成负压，同样利用吸盘内外压力差完成取件动

作，切断压缩空气，随即消除吸盘内负压，完成释放工件动作。

③挤压排气负压气吸附。利用吸盘变形和拉杆移动改变吸盘内、外部压力完成工件吸取和释放动作。

吸盘的种类繁多，一般分为普通型吸盘和特殊型吸盘两种。普通型吸盘包括平面吸盘、超平吸盘、椭圆吸盘、波纹管型吸盘和圆形吸盘；特殊型吸盘是为了满足特殊应用场合而设计使用的，通常可分为专用型吸盘和异型吸盘，特殊型吸盘结构形状因吸附对象的不同而不同。吸盘的结构对吸附能力的大小有很大影响，但材料也对吸附能力有较大影响，目前吸盘常用材料多为丁腈橡胶（NBR）、天然橡胶（NR）和半透明硅胶等。不同结构和材料的吸盘被广泛应用于汽车覆盖件、玻璃板件、金属板材的切割及上下料等场合，适合抓取表面相对光滑、平整、坚硬及微小的材料，具有高效、无污染、定位精度高等优点。

（2）磁吸附。

磁吸附是利用磁力吸取工件。常见的磁力吸盘分为电磁吸盘、永磁吸盘、电永磁吸盘等。

①电磁吸盘是在内部励磁线圈通直流电后产生磁力，从而吸附导磁性工件。其工作原理如图2-1-6（a）所示。

②永磁吸盘利用磁力线通路的连续性及磁场叠加性工作，一般永磁吸盘（多用钕铁硼磁铁为内核）的磁路为多个磁系，通过磁系之间的相互运动来控制工作磁极面上的磁场强度，进而实现工件的吸附和释放动作。其工作原理如图2-1-6（b）所示。

③电永磁吸盘是利用永磁磁铁产生磁力，利用励磁线圈对吸力大小进行控制，起到"开/关"作用。电永磁吸盘结合了电磁吸盘和永磁吸盘的优点，应用十分广泛。

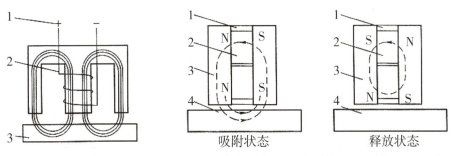

1—直流电源；2—励磁线圈；3—工件　　　1—非导磁体；2—永磁铁；3—磁轭；4—工件

（a）电磁吸附　　　　　　　　　　　（b）永磁吸附

图2-1-6　磁吸附吸盘

磁吸附吸盘有多种多样的分类方式，依据形状可分为矩形磁吸盘、圆形磁吸盘，按吸力大小分为普通磁吸盘和强力磁吸盘等。由上可知，磁吸附只能吸附对磁产生感应的物体，故对于有剩磁的工件无法使用，且磁力受温度影响较大，所以在高温条件下也不能选择磁吸附，故其在使用过程中有一定的局限性，常适合对抓取精度要求不高且在常温下工作的工件。

2. 夹板式末端执行器

夹板式末端执行器是码垛过程中最常用的一类手爪，常见夹板式手爪有单板式和双板式，如图2-1-7所示。夹板式手爪主要用于整箱或规则盒码垛，可用于各行各业。夹板式手爪的夹持力度比吸附式手爪大，可一次码一箱（盒）或多箱（盒），并且两侧板光滑不会损伤码垛产品外观质量。单板式手爪与双板式手爪的侧板一般有可旋转爪钩，需由单独机构控制，工作状态下爪钩与侧板成90°，起到撑托物件、防止在高速运动中物料脱落的作用。

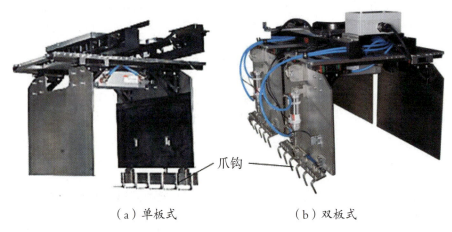

爪钩

（a）单板式　　　　　　　　（b）双板式

图2-1-7　夹板式末端执行器

3. 抓取式末端执行器

抓取式末端执行器可灵活适应不同形状和内含物（如大米、沙砾、塑料、水泥、化肥等）物料袋的码垛。图2-1-8所示为ABB公司配套IRB 460和IRB 660码垛机器人专用的即插即用FlexGripper抓取式手爪，其采用不锈钢制作，可满足极端条件下的作业要求。

图2-1-8　抓取式末端执行器

4. 组合式末端执行器

组合式末端执行器是通过组合以获得各单组手爪优势的一种手爪，灵活性较强，各单组手爪之间既可单独使用又可配合使用，可同时满足多个工位的码垛。图2-1-9所示为ABB公司配套IRB 460和IRB 660码垛机器人专用的即插即用FlexGripper组合式末端执行器。

图2-1-9　组合式末端执行器

码垛机器人末端执行器的动作需单独外力进行驱动，需要连接相应外部信号控制装置及传感系统，以控制码垛机器人末端执行器实时的动作状态及力的大小，其末端执行器驱动方式多为气动和液压驱动。通常在保证相同夹紧力的情况下，气动比液压驱动负载轻、卫生、成本低、易获取，所以实际码垛中以压缩空气为驱动力的居多。

综上所述，码垛机器人主要包括机器人和码垛系统。机器人由码垛机器人本体及完成码垛排列控制的控制柜组成。码垛系统中末端执行器主要有吸附式、夹板式、抓取式和组合式等形式。

三、机器人轮胎码垛工作站

机器人轮胎码垛工作站如图2-1-10所示，其中机器人轮胎码垛入仓的过程为：正反双向运行的皮带机输送轮胎物料到机器人抓取工位，机器人通过三爪夹具逐个拾取轮胎并将其挂装到双面四侧共18〔（1×3+2×3）×2=18〕个工位的立体仓库内。皮带机的正反双向运行，可有效防止物料的卡、堵现象。

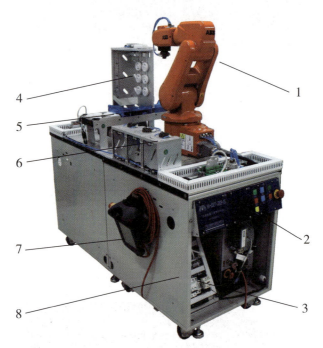

1—六轴机器人；2—操作面板；3—电气控制挂板；4—模型桌体；

5—机器人示教器；6—机器人夹具座；7—轮胎输送带机构；8—轮胎立体仓库

图2-1-10　机器人轮胎码垛工作站

1. 六轴机器人单元

六轴机器人单元采用实际工业应用的ABB六轴控制机器人，配置规格为本体IRB-120，有效负载3 kg，臂展0.58 m，配套工业控制器，由钣金制成机器人固定架，结实、稳定；配置多个机器人夹具摆放工位，带有自动快换功能，灵活多用，桌体配重，保证机器人高速运动时不出现摇晃现象，如图2-1-11所示。

图2-1-11　六轴机器人单元

2. 轮胎码垛单元

轮胎码垛单元能够提供双面四侧18轮胎挂装工位，并有正反双向运行输送工件系统，保证系统的连续性，如图2-1-12所示。

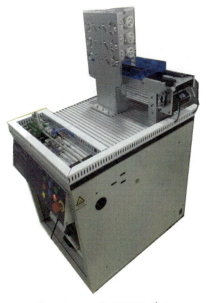

图2-1-12　轮胎码垛单元

3. 六轴机器人末端执行器

六轴机器人的末端执行器主要配有三爪夹具和双吸盘夹具。其中三爪夹具能辅助机器人完成汽车轮胎的拾取、入库流程，如图2-1-13所示。

图2-1-13　六轴机器人末端执行器（三爪夹具）

一、工具设备准备

实施本任务教学所使用的实训工具及设备器材可参考表2-1-1。

表2-1-1　实训工具及设备器材

序号	分类	名称	型号规格	数量	单位
1	工具	电工常用工具	—	1	套
2		ABB机器人	SX-CSET-JD08-05-34	1	套
3		立体码垛模型	SX-CSET-JD08-05-29	1	套
4	设备器材	三爪夹具组件	SX-CSET-JD08-05-10	1	套
5		按键吸盘组件	SX-CSET-JD08-05-11	1	套
6		夹具座组件	SX-CSET-JD08-05-15A	2	套
7		气源两联件组件	SX-CSET-JD08-05-16	1	套

二、观看码垛机器人在工厂自动化生产线中的应用视频

请扫描二维码，观看码垛机器人在工厂自动化生产线中的应用视频，记录码垛机器人的品牌及型号，并查阅相关资料，了解码垛机器人在实际生产中的应用。

码垛机器人在工厂自动化生产线中的应用视频

三、认识机器人轮胎码垛工作站

在教师的指导下，操作机器人轮胎码垛工作站，并了解其工作过程。

机器人轮胎码垛工作站的具体操作方法及工作过程见表2-1-2。

表2-1-2　机器人轮胎码垛工作站具体操作方法及工作过程

步骤	图示	操作方法及工作过程
1	—	合上总电源开关，按下"联机"按钮，然后按下启动按钮
2		机器人逆时针旋转至夹具座组件的三爪夹具组件的上方，机器人手臂向下拾取三爪夹具
3		机器人手臂向下拾取三爪夹具到位，轮胎码垛单元的正反双向运行输送工件系统工作，输送带正向运动，将需要码垛的轮胎输送到指定位置

（续表）

步骤	图示	操作方法及工作过程
4		轮胎输送到指定位置后，机器人手臂上升到一定的高度，然后顺时针旋转到轮胎码垛单元的第一个需要码垛的轮胎上方
5		机器人手臂下降，通过三爪夹具抓取轮胎
6		抓取轮胎后的机器人手臂开始上升
7	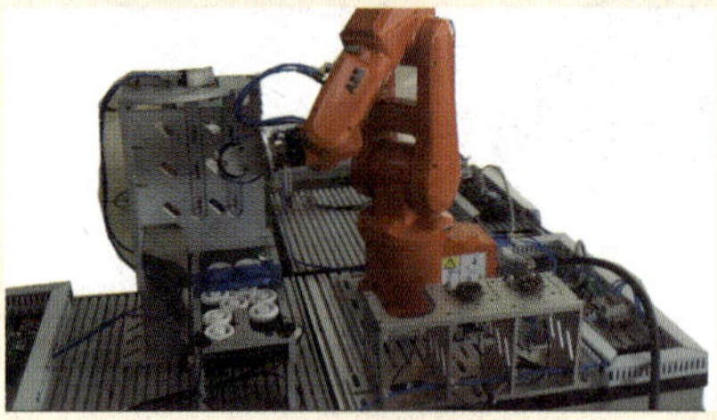	当手臂上升到一定高度时，手臂关节便上升，并顺时针旋转
8	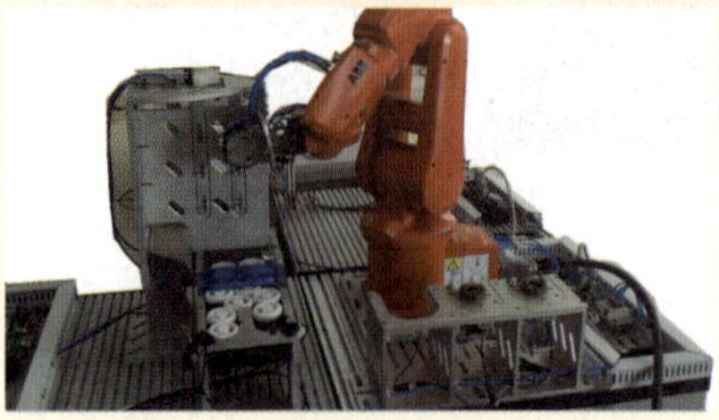	手臂上升并旋转到指定高度后，机器人通过基座再次顺时针旋转到指定位置，并将轮胎码放在轮胎立体仓库的指定位置，然后自动松开三爪夹具，完成第一个轮胎的码垛任务

（续表）

步骤	图示	操作方法及工作过程
9		当第一个轮胎的码垛任务完成后，机器人会自动离开，并逆时针旋转移动去抓取第二个轮胎
10		在取走第二个轮胎后，输送带又正向运动，将余下的轮胎分别输送到两个抓取位置，同时机器人进行第二个轮胎的码垛
11		余下轮胎的码垛过程与第二个轮胎的码垛过程相似，值得注意的是，在完成第一面6个工位的轮胎码垛后，机器人会自动转向轮胎立体仓库的第二面码垛位置进行6个工位的码垛，然后转向轮胎立体仓库的第三面码垛位置进行6个工位的码垛
12		当机器人码垛完18个轮胎后，会自动退出码垛程序，然后逆时针旋转将三爪夹具放回夹具座组件里
13		卸下三爪夹具的机器人顺时针旋转回到初始位置（原位）

任务考核

对任务实施的完成情况进行检查，并将结果填入表2-1-3内。

表2-1-3　项目二任务一测评表

序号	主要内容	考核要求	评分标准	配分/分	扣分/分	得分/分
1	观看视频	正确记录机器人的品牌及型号，正确描述主要技术指标及特点	（1）记录机器人的品牌、型号有错误或遗漏，每处扣2分； （2）描述主要技术指标及特点有错误或遗漏，每处扣2分	20		
2	机器人轮胎码垛工作站的操作	能正确操作机器人轮胎码垛入仓	（1）通电前正确检查设备的初始状态，确保设备安装上电，每漏一处扣2分； （2）不能正确操作机器人轮胎码垛入仓扣20分； （3）设备运行结束时，停止设备运行，关电源、关气源，未按正确步骤操作，每步扣5分； （4）整理物料，检查设备，每见一个物料或杂物、书本、纸、笔等不整齐或置于设备表面扣5分	70		
3	安全文明生产	劳动保护用品穿戴整齐；遵守操作规程；讲文明，懂礼貌；操作结束后要清理现场	（1）操作中，违反安全文明生产考核要求的任何一项扣5分，扣完为止； （2）当发现学生有重大事故隐患时，要立即予以制止，并每次扣5分	10		
合计				100		
开始时间：			结束时间：			

 立体码垛单元的组装、程序设计与调试

学习目标

① 了解轮胎立体仓库在码垛工作站中的功能与作用。

② 了解轮胎立体仓库的结构与控制原理。

③ 了解轮胎输送带机构在码垛工作站中的功能与作用。

④ 了解轮胎输送带机构的结构与控制原理。

⑤ 会参照装配图进行轮胎立体仓库的组装。

⑥ 会参照装配图进行轮胎输送带机构的组装。

⑦ 会参照接线图进行轮胎立体仓库和输送带机构的安装与接线。

⑧ 能够利用给定测试程序进行通电测试。

任务描述

有一台工业机器人轮胎码垛入仓学习工作站由立体码垛单元、六轴机器人单元组合而成。现需要完成立体码垛单元的组装、程序设计及调试工作，并交有关人员验收，要求安装完成后可按功能要求正常运转。

具体要求如下：

（1）完成轮胎立体仓库和轮胎输送带机构的装配。

（2）完成轮胎码垛单元的安装。

（3）完成立体码垛单元PLC程序设计与调试。

一、立体码垛单元的组成

立体码垛单元是工业机器人轮胎码垛入仓学习工作站的重要组成部分，它主要由轮胎立体仓库、轮胎输送带机构、单元桌面电气元件、立体码垛控制面板、电气控制挂板和单元桌体组成，提供双面四侧18轮胎挂装工位，并有正反双向运行输送工件系统，保证系统的连续性。其外形示意图如图2-2-1所示。这里主要介绍轮胎立体仓库和轮胎输送带机构。

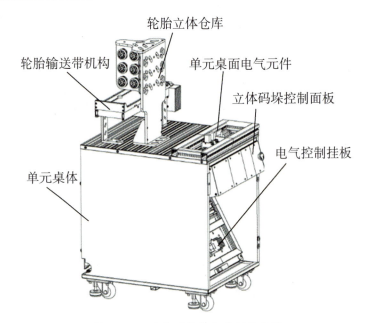

图2-2-1　立体码垛单元外形示意图

1. 轮胎立体仓库

轮胎立体仓库为立体码垛单元提供双面四侧18轮胎挂装工位，其外形示意图如图2-2-2所示。

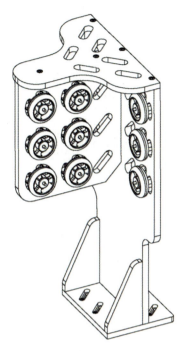

图2-2-2　轮胎立体仓库外形示意图

2. 轮胎输送带机构

轮胎输送带机构的外形示意图如图2-2-3所示。

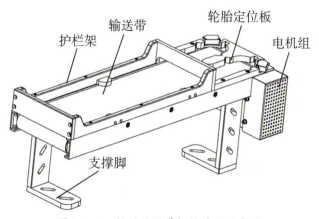

图2-2-3　轮胎输送带机构外形示意图

二、立体码垛单元功能框图

立体码垛单元功能框图见图2-2-4。

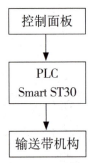

图2-2-4　立体码垛单元功能框图

三、立体码垛单元控制流程

立体码垛单元控制流程见图2-2-5。

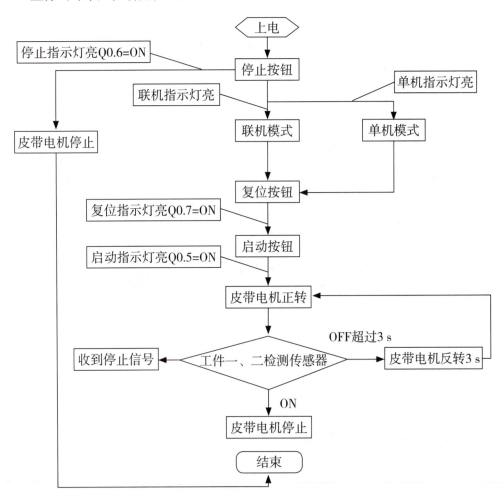

图2-2-5　立体码垛单元控制流程图

任务实施

一、工具设备准备

实施本任务教学所使用的实训工具及设备器材可参考表2-2-1。

表2-2-1　实训工具及设备器材

序号	分类	名称	型号规格	数量	单位
1	工具	电工常用工具	—	1	套
2		内六角扳手	3.0 mm	1	个
3		内六角扳手	4.0 mm	1	个
4	设备器材	ABB机器人	SX-CSET-JD08-05-34	1	套
5		立体码垛模型	SX-CSET-JD08-05-29	1	套
6		三爪夹具组件	SX-CSET-JD08-05-10	1	套
7		按键吸盘组件	SX-CSET-JD08-05-11	1	套
8		夹具座组件	SX-CSET-JD08-05-15A	2	套
9		气源两联件组件	SX-CSET-JD08-05-16	1	套

二、在单元桌体上完成轮胎立体仓库和轮胎输送带机构的装配

1. 识别轮胎立体仓库和轮胎输送带机构的零部件

根据图2-2-6所示的轮胎立体仓库和轮胎输送带机构零部件，清理材料，罗列出每种材料的名称及用途，并完成表2-2-2的内容。

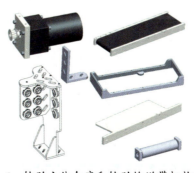

图2-2-6　轮胎立体仓库和轮胎输送带机构零部件

表2-2-2　轮胎立体仓库和轮胎输送带机构的零部件

名称	用途	名称	用途

2. 组装轮胎立体仓库和轮胎输送带机构

按表2-2-3所示的方法及工作过程进行组装。

表2-2-3　轮胎立体仓库和轮胎输送带机构的组装方法及工作过程

步骤	图示	组装方法及工作过程
1		轮胎立体仓库的安装：先安装好立体仓库，然后在立体仓库的双面四侧18轮胎挂装工位上挂上轮胎模型
2	输送带支架　输送带底板　2-M5×16内六角螺钉	支撑脚的组装：通过内六角螺钉，将输送带支架与输送带底板组装成支撑脚

（续表）

步骤	图示	组装方法及工作过程
3	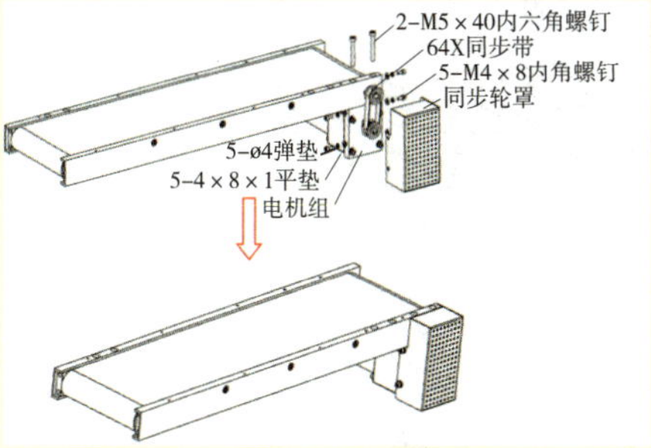	电机组的安装：把电机、同步带、同步轮罩安装到输送带上
4	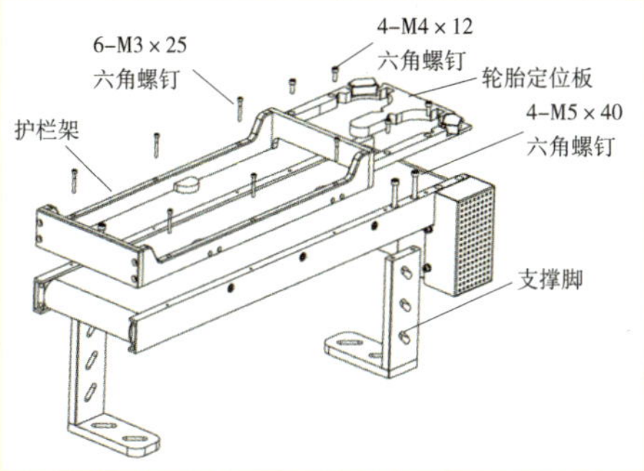	输送带机构的组装：把两个支撑脚、护栏架及轮胎定位板依次安装到输送带机构上
5	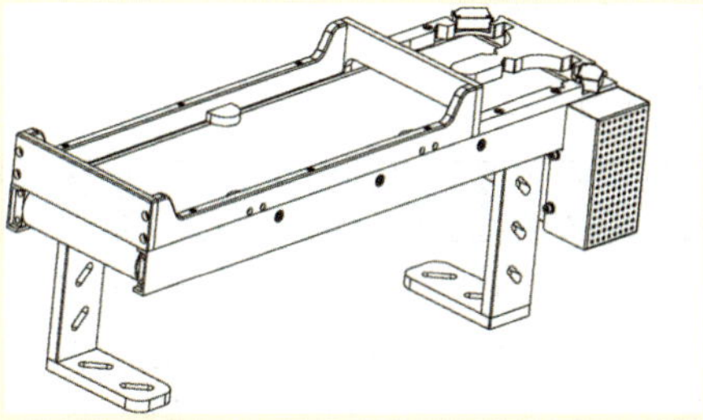	输送带机构组装完毕

三、立体码垛单元的安装

　　把组装好的轮胎立体仓库及输送带机构安装在立体码垛单元桌面上，如图2-2-7所示；并将光纤头直接插入对应的光纤放大器；输送带电机引接到桌面继电器KA17的5号、7号端子。

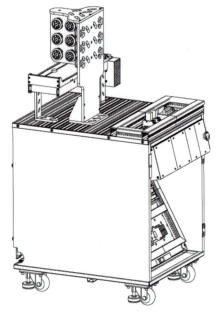

图2-2-7　立体码垛单元安装

四、立体码垛单元的设计与调试

1. I/O功能分配

立体码垛单元PLC的I/O功能分配见表2-2-4。

表2-2-4　立体码垛单元PLC的I/O功能分配表

I/O地址	功能描述
I0.3	工件一传感器感应到工件，I0.3闭合
I0.4	工件二传感器感应到工件，I0.4闭合
I1.0	启动按钮按下，I1.0闭合
I1.1	停止按钮按下，I1.1闭合
I1.2	复位按钮按下，I1.2闭合
I1.3	联机信号，I1.3闭合
Q0.5	Q0.5闭合，面板运行指示灯（绿）点亮
Q0.6	Q0.6闭合，面板停止指示灯（红）点亮
Q0.7	Q0.7闭合，面板复位指示灯（黄）点亮
Q1.1	Q1.1闭合，KA16继电器带动输送带电机正转
Q1.2	Q1.2闭合，KA17继电器带动输送带电机反转

2. 立体码垛单元桌面接口板端子分配

立体码垛单元桌面接口板端子分配见表2-2-5。

表2-2-5　立体码垛单元桌面接口板端子分配表

桌面接口板地址	线号	功能描述
4	工件一检测（I0.3）	工件一检测传感器信号线
5	工件二检测（I0.4）	工件二检测传感器信号线
26	皮带电机正转（Q1.1）	KA16继电器线圈"14"号接线端
27	皮带电机反转（Q1.2）	KA17继电器线圈"14"号接线端
41	工件一检测+	工件一检测传感器电源线+端
42	工件二检测+	工件二检测传感器电源线+端
49	工件一检测−	工件一检测传感器电源线−端
50	工件二检测−	工件二检测传感器电源线−端
61	PS39+	KA16继电器线圈"9"号接线端
62	PS39+	KA17继电器线圈"9"号接线端
68	PS3−	KA16继电器线圈"11"号接线端
69	PS3−	KA17继电器线圈"11"号接线端
71	PS3−	KA16继电器线圈"12"号接线端
72	PS3−	KA17继电器线圈"12"号接线端
63	PS39+	提供24 V电源+
64	PS3−	提供24 V电源−

3. 立体码垛单元挂板接口板端子分配

立体码垛单元挂板接口板端子分配见表2-2-6。

表2-2-6　立体码垛单元挂板接口板端子分配表

挂板接口板地址	线号	功能描述
4	I0.3	工件一检测传感器
5	I0.4	工件二检测传感器
26	Q1.1	皮带电机正转继电器
27	Q1.2	皮带电机反转继电器

（续表）

挂板接口板地址	线号	功能描述
A	PS3+	继电器常开触点（KA31：6）
B	PS3–	直流电源24 V–进线
C	PS32+	继电器常开触点（KA31：5）
D	PS33+	继电器触点（KA31：9）
E	I1.0	启动按钮
F	I1.1	停止按钮
G	I1.2	复位按钮
H	I1.3	联机信号
I	Q0.5	启动指示灯
J	Q0.6	停止指示灯
K	Q0.7	复位指示灯
L	PS39+	直流24 V+

4. PLC控制线路

PLC控制线路连接如图2-2-8所示。

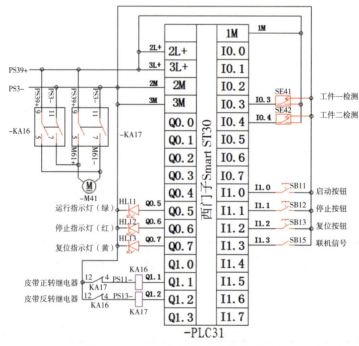

图2-2-8　PLC控制线路连接图（1）

5. PLC程序设计

立体码垛单元PLC程序（仅供参考）可扫描二维码进行查看。

立体码垛单元参考
程序

6. 系统调试与运行

（1）上电前检查。

① 观察机构上各元件外表是否有明显移位、松动或损坏等现象；如果存在以上现象，则应及时调整、紧固或更换元件。

② 对照接口板端子分配表或接线图检查桌面和挂板接线是否正确，尤其要检查24 V电源、电气元件电源线等线路是否有短路、断路现象。

③ 设备上不能放置任何不属于本工作站的物品，如有发现请及时清除。

（2）启动设备前注意事项。

启动前，输送带机构上工位一检测位置与工位二检测位置不能有物料存在，如果有，请移走物料。

（3）传感器调试。

① 在轮子前进时，工位一检测与工位二检测的光电传感器应当能检测到并且能准确输出信号。

② 推料气缸处于缩回状态时，推料气缸缩回限位磁性开关能准确感应到并输出信号。

③ 推料气缸处于伸出状态时，推料气缸伸出限位磁性开关能准确感应到并输出信号。

任务考核

对任务实施的完成情况进行检查，并将结果填入表2-2-7内。

表2-2-7 项目二任务二测评表

序号	主要内容	考核要求	评分标准	配分/分	扣分/分	得分/分
1	轮胎立体仓库和轮胎输送带机构的组装	正确描述轮胎立体仓库和轮胎输送带机构组成及各部件的名称，并完成安装	（1）轮胎立体仓库和轮胎输送带机构的组成描述有错误或遗漏，每处扣5分； （2）轮胎立体仓库和轮胎输送带机构安装有错误或遗漏，每处扣5分	20		
2	立体码垛单元PLC程序设计与调试	列出PLC控制I/O（输入/输出）元件地址分配表，根据加工工艺，设计梯形图及PLC控制I/O（输入/输出）接线图	（1）输入/输出地址遗漏或错误，每处扣5分； （2）梯形图表达不正确或画法不规范，每处扣1分； （3）接线图表达不正确或画法不规范，每处扣2分	30		
		按PLC控制 I/O（输入/输出）接线图在配线板上正确安装，安装要准确、紧固，配线导线要紧固、美观，导线要进线槽，导线要有端子标号	（1）损坏元件扣5分； （2）布线不进线槽、不美观，主电路、控制电路每根扣1分； （3）接点松动、露铜过长、反圈、压绝缘层，标记线号不清楚、遗漏或误标，引出端无别径压端子，每处扣1分； （4）损伤导线绝缘层或线芯，每根扣1分； （5）不按PLC控制I/O（输入/输出）接线图接线，每处扣5分	10		

（续表）

序号	主要内容	考核要求	评分标准	配分/分	扣分/分	得分/分
2	立体码垛单元PLC程序设计与调试	熟练、正确地将所编程序输入PLC；按照被控设备的动作要求进行模拟调试，达到设计要求	（1）不会熟练操作PLC键盘输入指令扣2分； （2）不会用删除、插入、修改、存盘等命令，每项扣2分； （3）仿真试车不成功扣30分	30		
3	安全文明生产	劳动保护用品穿戴整齐；遵守操作规程；讲文明，懂礼貌；操作结束后要清理现场	（1）操作中，违反安全文明生产考核要求的任何一项扣5分，扣完为止； （2）当发现学生有重大事故隐患时，要立即予以制止，并每次扣5分	10		
合计				100		
开始时间：			结束时间：			

机器人轮胎码垛入仓的程序设计与调试

学习目标

① 掌握RobotStudio编程软件的应用。

② 掌握六轴工业机器人复杂程序设计。

③ 掌握六轴工业机器人示教器的使用。

④ 会使用ABB六轴工业机器人程序设计的基本语言，完成ABB六轴工业机器人轮胎码垛入仓控制程序的设计和调试，并能解决程序运行过程中出现的常见问题。

任务描述

有一立体轮胎码垛仓库及一台ABB六轴工业机器人，由机器人实施轮胎码垛入仓，现需要设计程序并示教。要求在规定时间内完成工业机器人轮胎码垛入仓程序设计，并示教各点调试，使机器人按要求运行。

一、立体码垛单元轮胎仓库

立体码垛单元轮胎仓库的外形示意图见图2-3-1，其分布如图2-3-2所示。

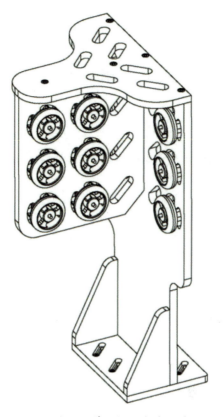

图2-3-1　立体码垛单元轮胎仓库的外形示意图

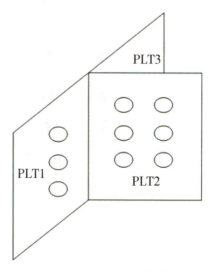

图2-3-2　立体码垛单元轮胎仓库的分布图

其中左边1×3仓库（PLT1）共3个仓位，左边2×3仓库（PLT2）共6个仓位，右边1×3仓库（PLT3）共3个仓位，右边2×3仓库（PLT4在PLT2背面）共6个仓位。

二、立体仓库轮胎入仓运动轨迹

1. 左边1×3仓库（PLT1）入仓

机器人进行车胎作业——左边1×3仓库（PLT1）入仓时，点的位置如图2-3-3所示。

2. 左边2×3仓库（PLT2）入仓

机器人进行车胎作业——左边2×3仓库（PLT2）入仓时，点的位置如图2-3-4所示。

3. 右边1×3仓库（PLT3）入仓

机器人进行车胎作业——右边1×3仓库（PLT3）入仓时，点的位置如图2-3-5所示。

4. 右边2×3仓库（PLT4）入仓

机器人进行车胎作业——右边2×3仓库（PLT4）入仓时，点的位置如图2-3-6所示。

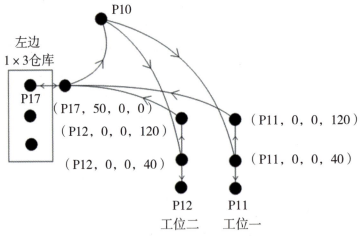

图2-3-3　左边1×3仓库（PLT1）入仓位置

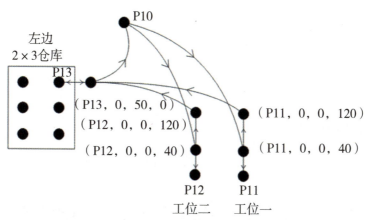

图2-3-4 左边2×3仓库（PLT2）入仓位置

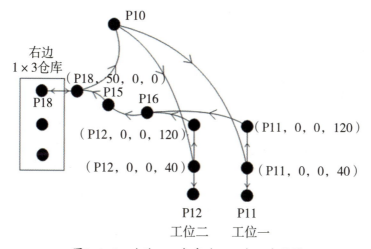

图2-3-5 右边1×3仓库（PLT3）入仓位置

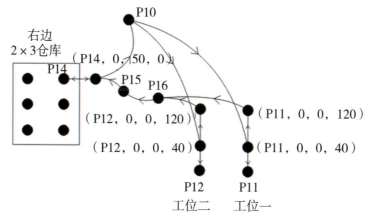

图2-3-6 右边2×3仓库（PLT4）入仓位置

一、工具设备准备

实施本任务教学所使用的实训工具及设备器材可参考表2-3-1。

表2-3-1　实训工具及设备器材

序号	分类	名称	型号规格	数量	单位
1	工具	电工常用工具	—	1	套
2		内六角扳手	3.0 mm	1	个
3		内六角扳手	4.0 mm	1	个
4	设备器材	ABB机器人	SX–CSET–JD08–05–34	1	套
5		立体码垛模型	SX–CSET–JD08–05–29	1	套
7		三爪夹具组件	SX–CSET–JD08–05–10	1	套
8		夹具座组件	SX–CSET–JD08–05–15A	2	套
9		气源两联件组件	SX–CSET–JD08–05–16	1	套

二、机器人程序的设计

按照图2-3-3～图2-3-6所示的入仓位置，设计入仓程序（参考程序）。

```
PROC Tirepallet（）
    WHILE DI10_16=1 DO
        MoveJ Offs(P10,0,0,0),v200,z100,tool0;
    IF DI10_12=1 OR DI10_13=1 THEN
    F DI10_12=1 THEN
        MoveJ Offs(P11,0,0,40),v100,fine,tool0;
        Set DO10_3;
        Reset DO10_2;
```

```
        MoveL Offs(P11,0,0,0),v20,fine,tool0;

        Set DO10_2;

        Reset DO10_3;

        WaitTime 0.5;

        MoveL Offs(P11,0,0,120),v50,z60,tool0;

ELSE

IF DI10_13=1 THEN

        MoveJ Offs(P12,0,0,40),v100,fine,tool0;

        Set DO10_3;

                Reset DO10_2;

                MoveL Offs(P12,0,0,0),v20,fine,tool0;

                Set DO10_2;

                Reset DO10_3;

                WaitTime 0.5;

                MoveL Offs(P12,0,0,120),v50,z60,tool0;

        ENDIF

    ENDIF

IF ncount5<=5 THEN

        MoveJ Offs(P13,ncount3*70,50,−ncount4*70),v100,z60,tool0;

        MoveL Offs(P13,ncount3*70,0,−ncount4*70),v20,fine,tool0;

        Set DO10_3;

        Reset DO10_2;

        WaitTime 0.5;

        MoveL Offs(P13,ncount3*70,50,−ncount4*70),v50,z60,tool0;

        ncount3:=ncount3+1;

        IF ncount3>1 THEN

            !ncount3:=0;

            ncount4:=ncount4+1;

            IF ncount3>1 AND ncount4>2 THEN
```

```
                    ncount3:=0;

                    ncount4:=0;

              ENDIF

              ncount3:=0;

        ENDIF

        MoveJ Offs(P10,0,0,0),v100,z100,tool0;

        !ncount5:=ncount5+1;

        ENDIF

        IF ncount5>5 AND ncount5<=11 THEN

              MoveJ Offs(P16,0,0,0),v200,z100,tool0;

              MoveJ Offs(P15,0,0,0),v200,z100,tool0;

              MoveJ Offs(P14,ncount3*70,−50,−ncount4*70),v100,z60,tool0;

              MoveL Offs(P14,ncount3*70,0,−ncount4*70),v20,fine,tool0;

              Set DO10_3;

              Reset DO10_2;

              WaitTime 0.5;

              MoveL Offs(p14,ncount3*70,−100,−ncount4*70),v50,z60,tool0;

              ncount3:=ncount3+1;

              IF ncount3>1 THEN

                    ncount3:=0;

                    ncount4:=ncount4+1;

                    IF ncount3=1 AND ncount4=2 THEN

                          ncount3:=0;

                          ncount4:=0;

                    ENDIF

              ENDIF

              !ncount5:=ncount5+1;

              Reset DO10_3;

              MoveJ Offs(P15,0,0,0),v200,z100,tool0;
```

```
        MoveJ Offs(P16,0,0,0),v200,z100,tool0;

        IF ncount5<11 THEN

            MoveJ Offs(P10,0,0,0),v200,z100,tool0;

        ENDIF

    ENDIF

    ncount5:=ncount5+1;

    IF ncount5>11 THEN

        !ncount5:=0;

        !MoveJ Offs(P15,0,0,0),v200,z100,tool0;

        !MoveJ Offs(P16,0,0,0),v200,z100,tool0;

        MoveJ Offs(ppick,-2.5,-90,200),v200,z100,tool0;

        MoveL Offs(ppick,-2.5,-90,20),v100,z100,tool0;

        MoveL Offs(ppick,0,0,0),v40,fine,tool0;

        Set DO10_1;

        WaitTime 1;

        MoveL Offs(ppick,0,0,40),v30,z100,tool0;

        MoveL Offs(ppick,0,0,50),v60,z100,tool0;

        Reset DO10_1;

        Set DO10_14;

        MoveJ Home,v200,z100,tool0;

        Reset DO10_14;

        ENDIF

    ENDIF

ENDWHILE

ncount3:=0;

ncount4:=0;

ncount5:=0;

ENDPROC
```

三、机器人程序示教

程序设计完毕后，用示教器示教程序中所涉及的点，并运行程序，观察机器人运动情况，见表2-3-2。

表2-3-2 机器人测试示教调试记录表（2）

设备名称		日期	
设备型号		示教人员	
示教点	注释	实际运动点	偏差值
Home	机器人初始位置	程序中定义	
Ppick	取三爪夹具点	需示教	
Ppick1	取吸盘夹具点	需示教	
P10	过渡点	需示教	
P11	工件一检测点	需示教	
P12	工件二检测点	需示教	
P13	左边2×3仓库码垛点	需示教	
P14	右边2×3仓库码垛点	需示教	
P15、P16	过渡点	需示教	
P17	左边1×3仓库码垛点	需示教	
P18	右边1×3仓库码垛点	需示教	
结论			

四、程序调试

将所设计的程序试运行，针对试运行中出现的问题进行具体调试，并将试运行过程中遇到的问题与解决方案记录下来。

任务考核

对任务实施的完成情况进行检查，并将结果填入表2-3-3内。

表2-3-3　项目二任务三测评表

序号	主要内容	考核要求	评分标准	配分/分	扣分/分	得分/分
1	机器人轮胎码垛入仓程序的设计和调试	机器人程序的设计	（1）输入/输出地址遗漏或错误，每处扣5分； （2）梯形图表达不正确或画法不规范，每处扣1分； （3）接线图表达不正确或画法不规范，每处扣2分	40		
		按PLC控制I/O（输入/输出）接线图在配线板上正确安装，安装要准确、紧固，配线导线要紧固、美观，导线要进线槽，导线要有端子标号	（1）损坏元件扣5分； （2）布线不进线槽、不美观，主电路、控制电路每根扣1分； （3）接点松动、露铜过长、反圈、压绝缘层，标记线号不清楚、遗漏或误标，引出端无别径压端子，每处扣1分； （4）损伤导线绝缘层或线芯，每根扣1分； （5）不按PLC控制I/O（输入/输出）接线图接线，每处扣5分	10		
		熟练、正确地将所编程序输入PLC；按照被控设备的动作要求进行模拟调试，达到设计要求	（1）不会熟练操作PLC键盘输入指令扣2分； （2）不会用删除、插入、修改、存盘等命令，每项扣2分； （3）仿真试车不成功扣30分	40		

（续表）

序号	主要内容	考核要求	评分标准	配分/分	扣分/分	得分/分
2	安全文明生产	劳动保护用品穿戴整齐；遵守操作规程；讲文明，懂礼貌；操作结束后要清理现场	（1）操作中，违反安全文明生产考核要求的任何一项扣5分，扣完为止；（2）当发现学生有重大事故隐患时，要立即予以制止，并每次扣5分	10		
	合计			100		
	开始时间：		结束时间：			

任务四　码垛工作站的整机程序设计与调试

学习目标

① 了解以太网网络的特点。

② 熟悉以太网网络的通信设置。

③ 能正确分配工业机器人码垛工作站的系统通信地址。

④ 能正确设计工业机器人码垛工作站的系统联机程序。

⑤ 会根据控制要求，完成工业机器人码垛工作站系统联机程序的调试，并能解决程序运行过程中出现的常见问题。

任务描述

有一个ABB六轴工业机器人码垛工作站，如图2-4-1所示，各单元已安装调试好，要求在规定时间内完成工业机器人码垛工作站系统联机程序的设计、调试，使工作站各单元能联机运行。

图2-4-1　ABB六轴工业机器人码垛工作站

学习储备

一、以太网概述

以太网是一种差分网络，最多可有32个网段、1 024个节点；以太网可以实现高速（达100 Mbit/s）长距离数据传输。

工业以太网网络具有以下功能：

（1）基于TCP/IP协议进行通信。

（2）工厂安装的MAC地址。

（3）自动检测全双工或半双工通信。

（4）实现多个连接（最多4个HMI人机界面和1个程序员界面）。

二、TCP/IP协议

TCP/IP协议可以将S7-200 SMART PLC连接到工业以太网网络。

三、SMART PLC的以太网通信设置

通过向导设置以太网连接的步骤如下。

（1）打开STEP 7-Micro/WIN SMART软件；选择"项目1"→"向导"→"GET/PUT"，如图2-4-2所示；双击"GET/PUT"弹出"Get/Put向导"画面，如图2-4-3所示。

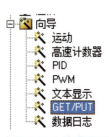

图2-4-2　向导画面

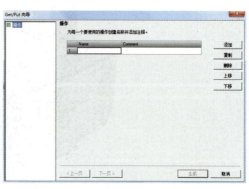

图2-4-3　Get/Put向导设置画面①

（2）点击"添加"生成一个操作，可以修改名字与添加注释，如图2-4-4所示，也可以添加多个。

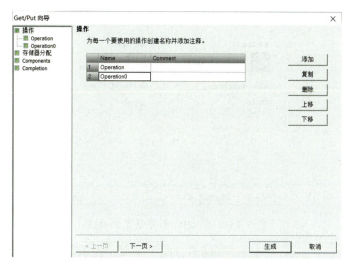

图2-4-4　Get/Put向导设置画面②

（3）点击"下一页"弹出"Operation"画面，类型选择"Get"，设定传送大小（单位：字节）、远程CPU的IP地址、本地地址与远程地址，如图2-4-5所示。

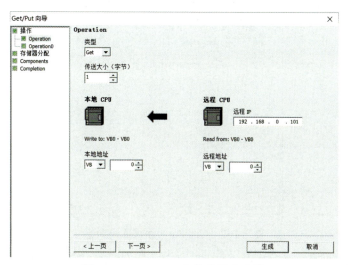

图2-4-5　Get/Put向导设置画面③

（4）点击"下一页"弹出"Operation0"画面，类型选择"Put"，设定传送大小（单位：字节）、远程CPU的IP地址、本地地址与远程地址，如图2-4-6所示。

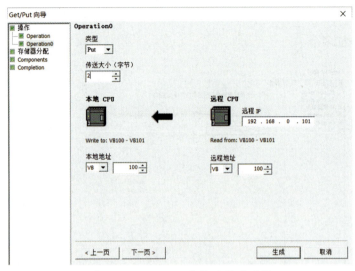

图2-4-6　Get/Put向导设置画面④

（5）点击"下一页"弹出"存储器分配"画面，提示数据存储的起始地址，可以手动修改，如图2-4-7所示。

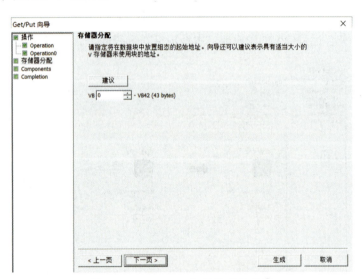

图2-4-7　Get/Put向导设置画面⑤

（6）点击"下一页"弹出"组件"画面，如图2-4-8所示。

（7）点击"下一页"弹出"生成"画面，如图2-4-9所示；点击"生成"完成设置。

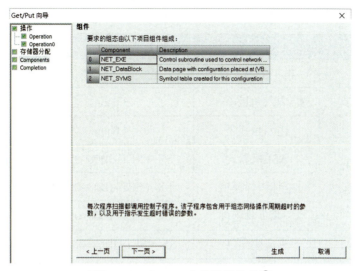

图2-4-8　Get/Put向导设置画面⑥

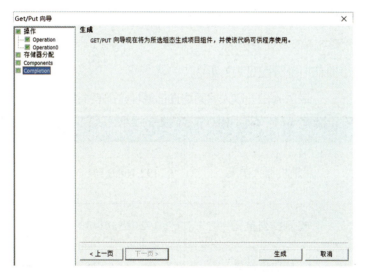

图2-4-9　Get/Put向导设置画面⑦

一、工具设备准备

实施本任务教学所使用的实训工具及设备器材可参考表2-4-1。

表2-4-1　实训工具及设备器材

序号	分类	名称	型号规格	数量	单位
1	工具	电工常用工具	—	1	套
2		内六角扳手	3.0 mm	1	个
3		内六角扳手	4.0 mm	1	个
4	设备器材	ABB机器人	SX-CSET-JD08-05-34	1	套
5		立体码垛模型	SX-CSET-JD08-05-29	1	套
6		三爪夹具组件	SX-CSET-JD08-05-10	1	套
7		夹具座组件	SX-CSET-JD08-05-15A	2	套

二、通信地址分配

1. 以太网网络通信地址分配表

以太网网络通信地址分配见表2-4-2。

表2-4-2　以太网网络通信地址分配表（1）

序号	站名	IP地址	通信地址区域
1	六轴机器人单元	192.168.0.141	MB10-MB11 MB20-MB21 MB25-MB26
2	检测排列单元	192.168.0.143	MB10-MB11 MB20-MB21
3	立体码垛单元	192.168.0.142	MB10-MB11 MB20-MB21

2. 通信地址分配表

通信地址分配见表2-4-3。

表2-4-3　通信地址分配表（1）

序号	功能定义	通信M点	发送PLC站号	接收PLC站号
1	机器人开始搬运	M10.0	141#PLC发出	142、143接收
2	机器人搬运完成	M10.1	141#PLC发出	142、143接收
3	启动按钮	M10.4	141#PLC发出	142、143接收

（续表）

序号	功能定义	通信M点	发送PLC站号	接收PLC站号
4	停止按钮	M10.5	141#PLC发出	142、143接收
5	复位按钮	M10.6	141#PLC发出	142、143接收
6	联机信号	M10.7	141#PLC发出	142、143接收
7	单元停止	M11.0	141#PLC发出	142、143接收
8	单元复位	M11.1	141#PLC发出	142、143接收
9	复位完成	M11.2	141#PLC发出	142、143接收
10	单元启动	M11.3	141#PLC发出	142、143接收
11	检测排列就绪信号	M20.0	143#PLC发出	141接收
12	检测排列启动按钮	M20.1	143#PLC发出	141接收
13	检测排列停止按钮	M20.2	143#PLC发出	141接收
14	检测排列复位按钮	M20.3	143#PLC发出	141接收
15	检测排列联机信号	M20.4	143#PLC发出	141接收
16	通信信号	M20.5	143#PLC发出	141接收
17	单元启动	M20.6	143#PLC发出	141接收
18	单元停止	M20.7	143#PLC发出	141接收
19	单元复位	M21.0	143#PLC发出	141接收
20	复位完成	M21.1	143#PLC发出	141接收
21	车窗有料信号	M21.2	143#PLC发出	141接收
22	车窗检测传感器A	M21.3	143#PLC发出	141接收
23	车窗检测传感器B	M21.4	143#PLC发出	141接收
24	轮胎码垛就绪信号	M25.0	142#PLC发出	141接收
25	轮胎码垛启动按钮	M25.1	142#PLC发出	141接收
26	轮胎码垛停止按钮	M25.2	142#PLC发出	141接收
27	轮胎码垛复位按钮	M25.3	142#PLC发出	141接收
28	轮胎码垛联机信号	M25.4	142#PLC发出	141接收
29	通信信号	M25.5	142#PLC发出	141接收

三、联机程序的设计

1. 修改六轴机器人单元程序

修改六轴机器人单元原有程序（扫描二维码下载），使之满足联机运行要求，并将修改后增加的部分记录下来。

六轴机器人单元原有程序

2. 修改检测排列单元程序

修改检测排列单元原有程序（扫描二维码下载），使之满足联机运行要求，并将修改后增加的部分记录下来。

检测排列单元原有程序

3. 修改立体码垛单元程序

修改立体码垛单元原有程序（扫描二维码下载），使之满足联机运行要求，并将修改后增加的部分记录下来。

立体码垛单元原有程序

四、联机调试与运行

各单元程序修改完成后，进行联机试运行，针对试运行中出现的问题进行具体调试。工作站系统联机调试的具体步骤如下：

（1）上电后按下"联机"按钮，联机指示灯亮，单机指示灯灭，进入联机状态，操作面板如图2-4-10所示，确认每站的通信线连接完好，并且都处在联机状态。

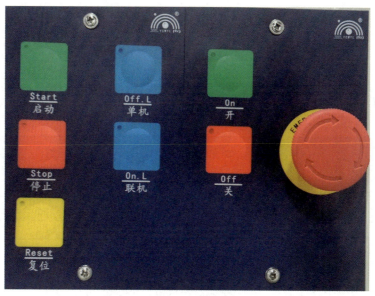

图2-4-10　操作面板

（2）先按下"停止"按钮，确保机器人在安全位置后再按下"复位"按钮，各单元回到初始状态，可观察到检测排列单元的步进机构先上升、后回到原点，立体码垛单元推料气缸处于缩回状态。

（3）复位完成后，检测各机构的物料是否按标签标识的要求放好；然后按下"启动"按钮，此时六轴机器人伺服系统处于ON状态，各站处于启动状态，但均不动作。

（4）此时请选择检测排列单元与立体码垛单元中任意一单元并按下该单元的启动按钮，机器人及该单元将开始工作。

（5）在设备运行过程中随时按下"停止"按钮，停止指示灯亮并且启动指示灯灭，设备停止运行。

（6）当设备运行过程中遇到紧急状况时，请迅速按下"急停"按钮，设备断电。

任务考核

— □ × ✕

对任务实施的完成情况进行检查，并将结果填入表2-4-4内。

表2-4-4 项目二任务四测评表

序号	主要内容	考核要求	评分标准	配分/分	扣分/分	得分/分
1	工作站程序的设计和调试	机器人程序的设计	（1）输入/输出地址遗漏或错误，每处扣5分； （2）梯形图表达不正确或画法不规范，每处扣1分； （3）接线图表达不正确或画法不规范，每处扣2分	40		
		按PLC控制I/O（输入/输出）接线图在配线板上正确安装，安装要准确、紧固，配线导线要紧固、美观，导线要进线槽，导线要有端子标号	（1）损坏元件扣5分； （2）布线不进线槽、不美观，主电路、控制电路每根扣1分； （3）接点松动、露铜过长、反圈、压绝缘层，标记线号不清楚、遗漏或误标，引出端无别径压端子，每处扣1分； （4）损伤导线绝缘层或线芯，每根扣1分； （5）不按PLC控制 I/O（输入/输出）接线图接线，每处扣5分	10		
		熟练、正确地将所编程序输入PLC；按照被控设备的动作要求进行模拟调试，达到设计要求	（1）不会熟练操作 PLC 键盘输入指令扣2分； （2）不会用删除、插入、修改、存盘等命令，每项扣2分； （3）仿真试车不成功扣30分	40		

（续表）

序号	主要内容	考核要求	评分标准	配分/分	扣分/分	得分/分
2	安全文明生产	劳动保护用品穿戴整齐；遵守操作规程；讲文明，懂礼貌；操作结束后要清理现场	（1）操作中，违反安全文明生产考核要求的任何一项扣5分，扣完为止；（2）当发现学生有重大事故隐患时，要立即予以制止，并每次扣5分	10		
合计				100		
开始时间：			结束时间：			

项目三
机器人在涂胶工作站中的应用与调试

项目导入

    机器人涂胶工作站的工作过程是机器人按照特定工艺线路完成涂胶工作的过程。在涂胶过程中，工业机器人可能是搬运移动胶枪夹具，也可能是搬运移动被涂胶对象。本项目共有六个任务，分别为：

    任务一 认识涂胶工业机器人工作站

    任务二 上料涂胶单元的组装、程序设计与调试

    任务三 多工位旋转工作台的组装、程序设计与调试

    任务四 机器人拾取车窗并涂胶程序设计与调试

    任务五 机器人装配车窗程序设计与调试

    任务六 涂胶工作站的整机程序设计与调试

    通过该项目的学习，读者能够进一步掌握涂胶工业机器人的应用与调试能力，掌握机器人日常维护及常见故障处理能力。

任务一　认识涂胶工业机器人工作站

学习目标

1. 了解涂胶机器人的特点及分类。
2. 能够识别涂胶机器人工作站的基本构成。

任务描述

　　在涂装行业中，施工技术从涂刷、揩涂发展到气压涂装、浸涂、辊涂、淋涂以及新兴起的高压空气涂装、电泳涂装、静电粉末涂装等，在涂装技术高速发展的今天，相关企业已经进入一个新的竞争格局，即更环保、更高效、更低成本、更有竞争力。加之涂装领域对从业工人健康的争议和顾虑，机器人涂装正成为一个在尝试中不断进步的新领域，并且从尝试的成果来看，其前景非常广阔。图3-1-1所示的是工业机器人涂胶工作站。

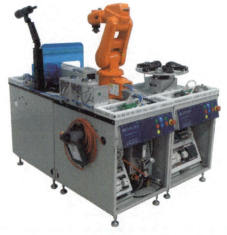

图3-1-1　工业机器人涂胶工作站

本任务的目标：通过学习，掌握涂装机器人的特点、基本系统组成、周边设备，并能通过现场参观，了解机器人车窗玻璃涂胶装配工作站的工作过程。

一、涂装机器人的特点及分类

1. 涂装机器人的特点

涂装机器人作为一种典型的涂装自动化设备，具有工件涂层均匀，重复精度高，通用性强，工作效率高，能够将工人从有毒、易燃、易爆的工作环境中解放出来的特点，已在汽车、工程机械制造、3C产品（计算机类、通信类和消费类电子产品）及家具建材等领域得到广泛应用。涂装机器人与传统的机械涂装相比，具有以下优点：

（1）最大限度提高涂料的利用率，降低涂装过程中的VOC（有害挥发性有机物）排放量。

（2）显著提高喷枪的运动速度，缩短生产节拍，效率显著高于传统的机械涂装。

（3）柔性强，能够适应多品种、小批量的涂装任务。

（4）能够精确保证涂装工艺的一致性，获得较高质量的涂装产品。

（5）与高速旋杯静电涂装站相比，可以减少30%～40%的喷枪数量，降低系统故障率和维护成本。

2. 涂装机器人的分类

从结构上看，目前国内外的涂装机器人大多数仍采取与通用工业机器人相似的5或6自由度串联关节式机器人，在末端加装自动喷枪。按照手腕结构划分，应用较为普遍的涂装机器人主要有两种：球型手腕涂装机器人和非球型手腕涂装机器人，如图3-1-2所示。

（a）球型手腕涂装机器人 　　　（b）非球型手腕涂装机器人

图3-1-2　涂装机器人

（1）球型手腕涂装机器人。

球型手腕涂装机器人与通用工业机器人手腕结构类似，手腕的3个关节轴线相交于一点，即目前绝大多数商用机器人所采用的Bendix手腕，如图3-1-3所示。该手腕结构能够保证机器人运动学逆解具有解析解，便于离线编程的控制，但是由于其腕部第二关节不能实现360°旋转，故工作空间相对较小。采用球型手腕的涂装机器人多为紧凑型结构，其工作半径多为0.7~1.2 m，多用于小型工件的涂装。

图3-1-3　采用Bendix手腕结构的涂装机器人

（2）非球型手腕涂装机器人。

非球型手腕涂装机器人，其手腕的3个轴线并非如球型手腕涂装机器人一样相交于一点，而是相交于两点。非球型手腕机器人相对于球型手腕机器人来说更适合于涂装作业。该型涂装机器人每个腕关节转动角度都能达到360°以上，手腕灵活性强，工作空间较大，特别适合复杂曲面及狭小空间内的涂装作业，但由于非球型手腕运动学逆解没有解析解，机器人控制的难度增大，难以实现离线编程控制。

非球型手腕涂装机器人根据相邻轴线的位置关系又可分为正交非球型手腕和斜交非球型手腕两种形式，如图3-1-4所示。图3-1-4（a）所示的Comau SMART-3S型机器人所采用的即为正交非球型手腕，其相邻轴线夹角为90°；FANUC P-250iA型机器人手腕的相邻两轴线不垂直，而是成一定的角度，即斜交非球型手腕，如图3-1-4（b）所示。

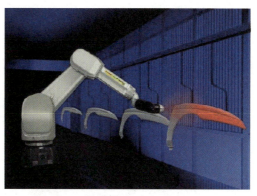

（a）正交非球型手腕　　　　　　　（b）斜交非球型手腕

图3-1-4　非球型手腕涂装机器人

现今应用中的涂装机器人中很少采用正交非球型手腕，主要原因是其在结构上相邻腕关节彼此垂直，容易造成从手腕中穿过的管路出现较大的弯折、堵塞，甚至折断管路。相反，斜交非球型手腕若做成中空的，各管线从中穿过，直接连接到末端高速旋杯喷枪上，在作业过程中内部管线较为柔顺，故被各大厂商所采用。

涂装作业环境中充满了易燃、易爆的有害挥发性有机物，除了要求涂装机器人具有出色的重复定位精度和循径能力，以及较强的防爆性能外，仍有特殊的要求。在涂装作业过程中，高速旋杯喷枪的轴线要与工件表面法线在一条直线上，且高速旋杯喷枪的端面要与工件表面始终保持一恒定的距离，并完成往复蛇形轨迹，这就要求涂装机器人要有足够大的工作空间和尽可能紧凑、灵活的手腕，即手腕关节要尽可能短。其他的一些基本性能要求如下：

① 能够通过示教器方便地设定流量、雾化电压、喷幅气压以及静电量等涂装参数。

②具有供漆系统，能够方便地进行换色、混色，确保高质量、高精度的工艺

调节。

③具有多种安装方式，如落地、倒置、角度安装和壁挂。

④能够与转台、滑台、输送链等一系列工艺辅助设备轻松集成。

⑤结构紧凑，减少密闭涂装室（简称"喷房"）尺寸，降低通风要求。

二、机器人涂胶装配模拟工作站

机器人涂胶装配工作站的任务主要是通过机器人完成对车窗框的预涂胶及拾取车窗涂胶并装配到车体上。具体工作过程是设备"启动"后，车窗上料机构将汽车车窗送入工作区，汽车模型转盘转动到位，机器人选取胶枪夹具对车窗框进行预涂胶，完毕后机器人更换吸盘夹具拾取车窗，并由涂胶机进行涂胶，把涂胶后的车窗安装到汽车模型上，一辆汽车完成后，汽车转盘转到下一个工位，继续完成下一台汽车装配。机器人涂胶装配模拟工作站如图3-1-5所示。

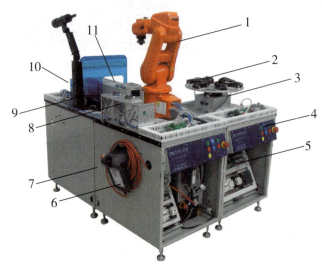

1—六轴机器人；2—汽车模型；3—精密分度盘；4—操作面板；5—电气控制挂板；

6—机器人示教器；7—模型桌体；8—机器人夹具座；9—简易涂胶机；

10—安全储料台；11—安全送料机构

图3-1-5　机器人涂胶装配模拟工作站

1．六轴机器人单元

六轴机器人单元采用实际工业应用中的ABB六轴控制机器人，配置规格为本体IRB-120，有效负载3 kg，臂展0.58 m，配套工业控制器，由钣金制成机器人固定架，结实、稳定；配置多个机器人夹具摆放工位，带有自动快换功能，灵活多用，桌体配重，保证机器人高速运动时不出现摇晃现象，如图3-1-6所示。

图3-1-6 六轴机器人单元

2. 多工位涂装单元

多工位涂装单元的功能是以步进驱动旋转台样式提供多工位上料工作，如图3-1-7所示。

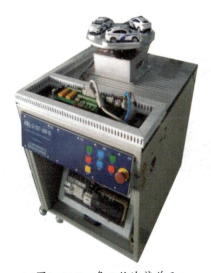

图3-1-7 多工位涂装单元

3. 上料涂胶单元

上料涂胶单元的功能是上料机构负责装配工件的上料，涂胶系统提供模拟涂胶任务，如图3-1-8所示。

图3-1-8　上料涂胶单元

4. 机器人末端执行器

六轴机器人的末端执行器主要配有胶枪治具和双吸盘夹具。其中胶枪治具辅助机器人完成预涂胶任务，如图3-1-9（a）所示；双吸盘夹具辅助机器人完成单个物料（车窗玻璃）的拾取与搬运，如图3-1-9（b）所示。

（a）胶枪治具　　　　　　　　　　（b）双吸盘夹具

图3-1-9　机器人末端执行器

任务实施

一、工具设备准备

实施本任务教学所使用的实训工具及设备器材可参考表3-1-1。

表3-1-1　实训工具及设备器材

序号	分类	名称	型号规格	数量	单位
1	工具	电工常用工具	—	1	套
2		内六角扳手	3.0 mm	1	个
3		内六角扳手	4.0 mm	1	个
4	设备器材	ABB机器人	SX-CSET-JD08-05-34	1	套
5		多工位涂装模型	SX-CSET-JD08-05-32	1	套
6		胶枪治具组件	SX-CSET-JD08-05-12	1	套
7		上料涂胶模型	SX-CSET-JD08-05-31	1	套
8		按键吸盘组件	SX-CSET-JD08-05-11	1	套
9		夹具座组件	SX-CSET-JD08-05-15A	2	套
10		气源两联件组件	SX-CSET-JD08-05-16	1	套

二、观看涂装机器人在工厂自动化生产线中的应用视频

请扫描二维码，观看涂装机器人在工厂自动化生产线中的应用视频，记录涂装机器人的品牌及型号，并查阅相关资料，了解涂装机器人在实际生产中的应用。

涂装机器人在工厂自动化生产线中的应用视频

三、操作机器人涂胶装配模拟工作站

在教师的指导下，操作机器人涂胶装配模拟工作站，并了解其工作过程。机器人涂胶装配模拟工作站的具体操作方法及工作过程见表3-1-2。

表3-1-2　机器人涂胶装配模拟工作站的具体操作方法及工作过程

步骤	图示	操作方法及工作过程
1		合上总电源开关，按下"联机"按钮，然后按下"启动"按钮
2		安全送料机构将车窗托盘送到指定位置
3		车窗托盘到达指定位置后，六轴机器人逆时针旋转到夹具座组件里拾取胶枪治具
4		拾取胶枪治具后，机器人会自动顺时针旋转到多工位固定台的第一辆需要涂胶装配的汽车模型上方停下
5		机器人通过胶枪治具首先对前车窗框架进行预涂胶

（续表）

步骤	图示	操作方法及工作过程
6	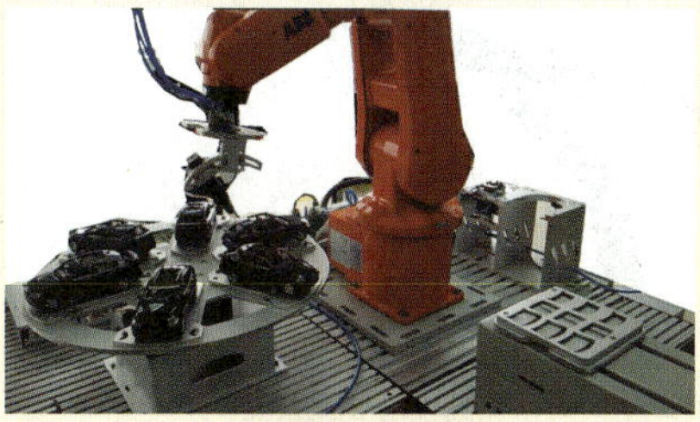	完成对前车窗框架的预涂胶后，接着机器人通过胶枪治具对汽车模型的后车窗框架进行预涂胶
7		完成对后车窗框架的预涂胶后，机器人通过基座再次逆时针旋转到夹具座组件里放回胶枪治具，完成第一辆车车窗框架的预涂胶任务
8		放回胶枪治具后，机器人会逆时针旋转移动去拾取双吸盘夹具
9	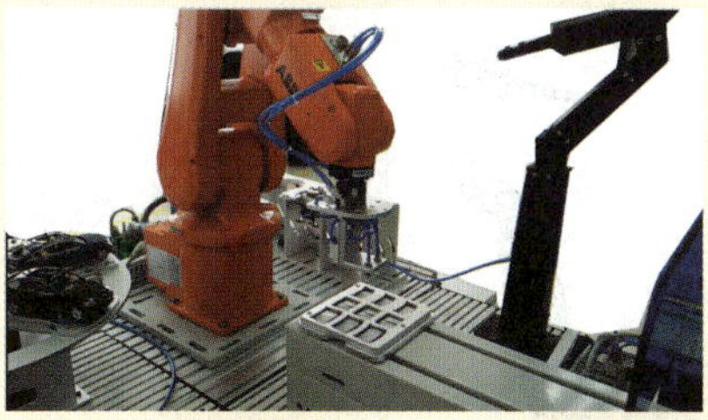	拾取双吸盘夹具后，机器人会顺时针移动到安全送料机构的车窗托盘指定位置的上方
10	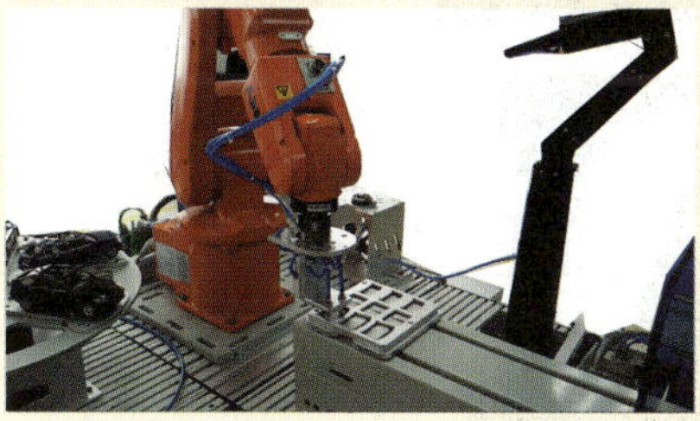	吸取第一块需要涂胶装配的前车窗玻璃

（续表）

步骤	图示	操作方法及工作过程
11		机器人将前车窗玻璃拿到涂胶机前进行涂胶
12		涂胶完毕后，机器人会顺时针旋转到需要装配的模型汽车前车窗指定的地方
13		对前车窗进行装配
14		前车窗装配完成后，机器人逆时针旋转拾取后车窗玻璃，再到涂胶机前进行涂装，而后把车窗玻璃装配到汽车模型后车窗上
15		全部完成后，机器人放回双吸盘夹具完成一个循环；分度盘旋转一个工位，进行下一辆车的涂装装配任务

任务考核

— □ ×

对任务实施的完成情况进行检查，并将结果填入表3-1-3内。

表3-1-3　项目三任务一测评表

序号	主要内容	考核要求	评分标准	配分/分	扣分/分	得分/分
1	观看视频	正确记录机器人的品牌及型号，正确描述主要技术指标及特点	（1）记录机器人的品牌、型号有错误或遗漏，每处扣2分； （2）描述主要技术指标及特点有错误或遗漏，每处扣2分	20		
2	机器人涂胶装配模拟工作站的操作	能正确操作机器人胶枪治具进行车窗框架预涂胶；能正确操作机器人车窗玻璃涂胶装配	（1）不能正确操作机器人胶枪治具进行车窗框架预涂胶扣30分； （2）不能正确操作机器人车窗玻璃涂胶装配扣30分	70		
3	安全文明生产	劳动保护用品穿戴整齐；遵守操作规程；讲文明，懂礼貌；操作结束后要清理现场	（1）操作中，违反安全文明生产考核要求的任何一项扣5分，扣完为止； （2）当发现学生有重大事故隐患时，要立即予以制止，并每次扣5分	10		
合计				100		
开始时间：			结束时间：			

任务二 上料涂胶单元的组装、程序设计与调试

学习目标

1. 熟悉上料涂胶单元的整机结构和涂胶机结构组成及工作原理。
2. 了解光纤传感器、磁性开关的工作原理。
3. 了解无杆气缸的工作原理和基本结构。
4. 掌握光纤传感器、节流阀、电磁阀等的调试方法。
5. 会参照装配图进行上料涂胶单元的组装。
6. 会参照接线图完成单元桌面电气元件的安装与接线。
7. 能够根据控制要求，完成送料程序的设计与调试。

任务描述

有一台上料涂胶机构，上料的托盘上装有三台车的车窗玻璃，现需要对该上料涂胶单元进行组装、程序设计及调试工作，并交有关人员验收，要求安装完成后可按功能要求正常运转。具体要求如下：

（1）完成对上料涂胶机构的组装。

（2）通过PLC的控制，按下启动按钮，设备启动，按下送料按钮，将车窗托盘送入工作区，同时涂胶机准备就绪（等待机器人拾取车窗玻璃、涂胶及将车窗玻璃装配到汽车上）。

一、上料涂胶单元

上料涂胶单元主要由上料机构和涂胶系统两大部分组成，上料机构负责装配工件的上料，涂胶系统提供模拟涂胶。上料涂胶单元的整机结构如图3-2-1所示。

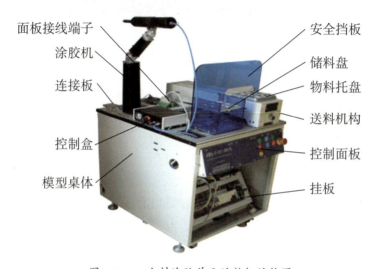

图3-2-1　上料涂胶单元的整机结构图

1. 涂胶机的结构

涂胶机又称点胶机、滴胶机、打胶机、灌胶机等，其是一种专门对流体进行控制，并将流体点滴、涂覆于产品表面或产品内部的自动化机器，可实现三维、四维路径点胶，精确定位，精准控胶，不拉丝，不漏胶，不滴胶。涂胶机主要用于产品工艺中的胶水、油漆以及其他液体精确点、注、涂、点滴到每个产品的精确位置，可以用来实现打点或画线、圆、弧。本任务选用TH-200KG型涂胶机，如图3-2-2所示，其由胶枪和控制盒组成，中间有气管连接；快速接头、筒盖、储存筒可对所有黏度液体进行作业，数位时间控制线路可保证点胶的精度，通过调节输出气压和点胶时间来获得最佳点胶效果，配备可调的真空回吸装置，以消除胶液滴漏现象。

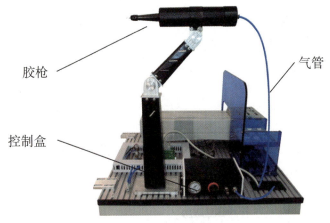

图3-2-2 TH-200KG型涂胶机

2. 涂胶机工作原理

压缩空气送入胶瓶（注射器），将胶压进与活塞室相连的进给管中，当活塞处于上冲程时，活塞室中填满胶，当活塞向下推进滴胶针头时，胶从针嘴压出。滴出的胶量由活塞下冲的距离决定。

3. 涂胶枪的调节

为确保流体顺利流出以及始终固定好胶筒和工作表面的距离和位置，从而取得均匀一致的点胶效果，涂胶枪的调节有如下要点：

（1）先逆时针方向调节调压阀来降低气压，再顺时针方向调节调压阀来增大气压到正确的设定；避免用很高的气压匹配非常小的胶点设置。其理想的搭配是：气压和针头组合产生"适合工作"的流速，既不能喷溅，又不能太慢。

（2）对于任何流体，合理的点胶时间和气压会产生最好的点胶效果，应调节点胶压力，使其在峰值保持较长的时间。

（3）调节图3-2-3中的两旋钮可调节胶枪涂胶点的高低和前后位置。

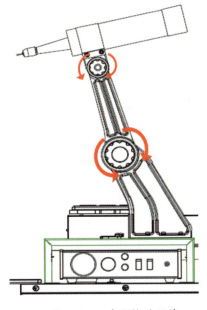

图3-2-3 涂胶枪的调节

二、光纤传感器

1. 光纤传感器的工作原理

光纤传感器的工作原理是将来自光源的光经过光纤送入调制器，使待测参数光与进入调制区的光相互作用后，导致光的光学性质（如光的强度、波长、频率、相位、偏振态等）发生变化（这种光学性质发生变化的光称为被调制的信号光），再通过光纤将光引导至接收器来实现测量。如图3-2-4所示。

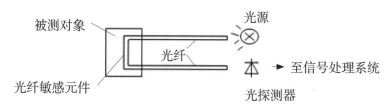

图3-2-4　光纤传感器工作原理图

2. 光纤传感器的结构

本任务选用的光纤传感器是D10BFP光纤传感器，用作汽车模型进入工位检测，发出汽车到位信号，实物如图3-2-5所示。

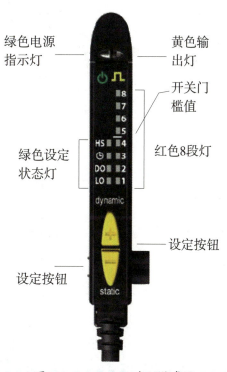

图3-2-5　D10BFP光纤传感器

三、磁性开关

　　磁性开关，是通过磁铁来感应的开关。磁性开关里面有一干簧管（干式舌簧管的简称）是一种有触点的无源电子开关元件，具有结构简单、体积小、便于控制等优点。其外壳一般是一根密封的玻璃管，管中装有两个铁质的弹性簧片电板，还灌有惰性气体。平时，玻璃管中的两个由特殊材料制成的簧片是分开的。当有磁性物质靠近玻璃管时，在磁场磁力线的作用下，管内的两个簧片被磁化而互相吸引接触，簧片就会吸合在一起，使节点连接的电路连通。外磁力消失后，两个簧片由于本身的弹性而分开，线路也就断开了。因此，作为一种利用磁场信号来控制的线路开关器件，干簧管可以作为传感器用，用于计数、限位等，同时还被广泛使用于各种通信设备中。磁性开关的接线如图3-2-6所示。

　　在实际运用中，通常用永磁铁控制这两个金属片接通与否，所以干簧管又被称为"磁控管"。干簧管同霍尔元件相似，但原理和性质不同，它是利用磁场信号来控制的一种开关元件，无磁断开，可以用来检测电路或机械运动的状态。

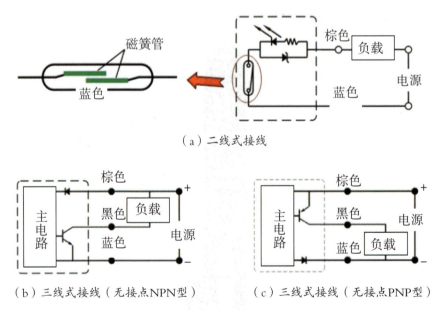

（a）二线式接线

（b）三线式接线（无接点NPN型）　　　　　（c）三线式接线（无接点PNP型）

图3-2-6　磁性开关的接线图

提示：

（1）二线式接线的磁性开关通用于交流电源、直流电源。

（2）三线式接线的磁性开关只能用于直流电源。NPN型和PNP型磁性开关在继电器回路使用时应注意接线的差异。在配合PLC使用时应注意选型正确。

四、无杆气缸

无杆气缸是指利用活塞直接或间接连接外界执行机构，并使其跟随活塞实现往复运动的气缸，其结构如图3-2-7所示。这种气缸的最大优点是节省安装空间。活塞通过磁力带动缸体外部的移动体做同步移动。它的工作原理是：在活塞上安装一组高强磁性的永久磁环，磁力线通过薄壁缸筒与套在外面的另一组磁环作用，由于两组磁环磁性相反，具有很强的吸力，当活塞在缸筒内被气压推动时，在磁力作用下，带动缸筒外的磁环套一起移动。气缸活塞的推力必须与磁环的吸力相适应。

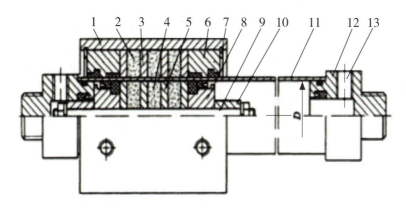

1—套筒；2—外磁环；3—外磁导板；4—内磁环；5—内磁导杆；6—压盖；7—卡环；

8—活塞；9—活塞轴；10—缓冲柱塞；11—气缸筒；12—端盖；13—进、排气口

图3-2-7　磁性无杆气缸

一、工具设备准备

实施本任务教学所使用的实训工具及设备器材可参考表3-2-1。

表3-2-1 实训工具及设备器材

序号	分类	名称	型号规格	数量	单位
1	工具	电工常用工具	—	1	套
2		内六角扳手	3.0 mm	1	个
3		内六角扳手	4.0 mm	1	个
4	设备器材	ABB机器人	SX-CSET-JD08-05-34	1	套
5		多工位涂装模型	SX-CSET-JD08-05-32	1	套
6		胶枪治具组件	SX-CSET-JD08-05-12	1	套
7		上料涂胶模型	SX-CSET-JD08-05-31	1	套
8		按键吸盘组件	SX-CSET-JD08-05-11	1	套
9		夹具座组件	SX-CSET-JD08-05-15A	2	套
10		气源两联件组件	SX-CSET-JD08-05-16	1	套

二、上料涂胶单元的组装

1. 安全储料台的安装

（1）车窗涂胶实训任务存储箱如图3-2-8所示，使用时需要取出组装。

（2）存储箱内的模型分两层存储，每层有独立托盘，托盘两侧装有提手，方便拿出托盘，如图3-2-9所示。

图3-2-8 任务存储箱

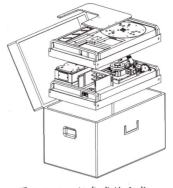

图3-2-9 任务存储方式

（3）从车窗涂胶实训任务存储箱中取出车窗储料盒、安全挡板、挡板支脚及螺钉等配件，按图3-2-10所示的组装图进行组装。

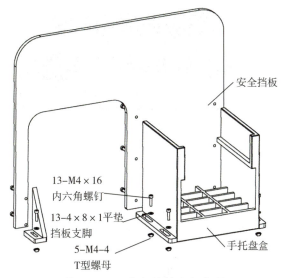

图3-2-10　安全储料台组装图

（4）安装好的安全储料台如图3-2-11所示。

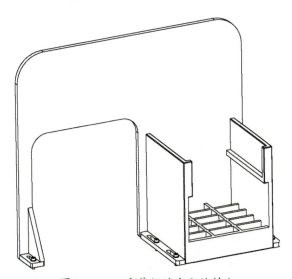

图3-2-11　安装好的安全储料台

2. 涂胶机胶枪的装配

（1）取出胶枪的基本配件，如图3-2-12所示。

（2）首先将B装在A的细端，上螺钉不拧紧，其次将C套在B里面（注意方向），拧紧B上的螺钉，将C固定在A上，然后将A与D的平整面用螺钉固定紧，安装过程如图3-2-13所示。

（3）组装好的涂胶系统如图3-2-14所示。

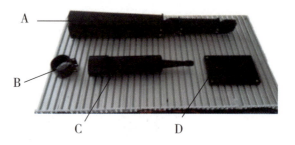

图3-2-12　胶枪配件

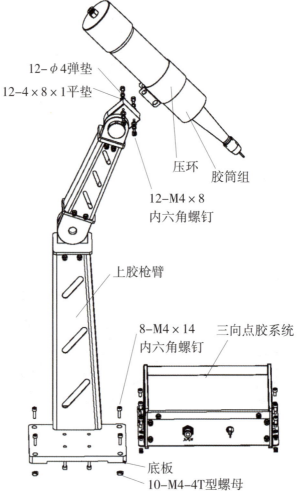

12-φ4弹垫

12-4×8×1平垫

压环

胶筒组

12-M4×8
内六角螺钉

上胶枪臂

8-M4×14
内六角螺钉

三向点胶系统

底板

10-M4-4T型螺母

图3-2-13　胶枪组装图

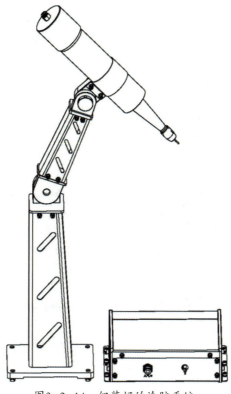

图3-2-14　组装好的涂胶系统

3. 上料涂胶单元的装配

（1）首先把安全送料机构（图3-2-15所示）安装到桌体，如图3-2-16所示。

图3-2-15　安全送料机构

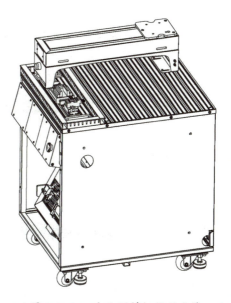

图3-2-16　安全送料机构的安装

（2）按图3-2-17所示的布局，将前面组装好的涂胶系统及安全储料台固定在桌面上，并把车窗托盘（图3-2-18所示）放到安全上料机构的指定位置。

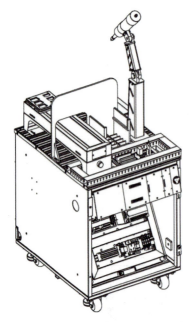

图3-2-17　安装好的上料整列单元

图3-2-18　车窗托盘

（3）对照电气原理图及I/O分配表把信号线接插头对接好，安装方式如图3-2-19所示；光纤头直接插入对应的光纤放大器；使用φ4 mm气管把安全送料机构与桌面对应电磁阀气路出口接头连接插紧；涂胶机进气口使用φ6 mm气管与桌面气路三通连接，涂胶机出气口使用φ6 mm气管与胶枪筒尾部气路接头连接插紧。

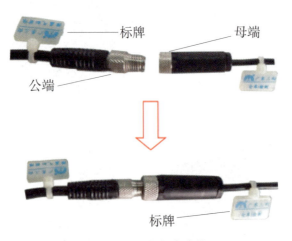

图3-2-19　接插线连接

三、上料涂胶单元功能框图

根据控制要求，画出上料涂胶单元功能框图，见图3-2-20。

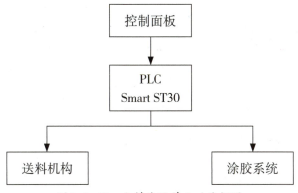

图3-2-20　上料涂胶单元功能框图

四、上料涂胶单元的设计

1. I/O功能分配

上料涂胶单元PLC的I/O功能分配见表3-2-2。

表3-2-2　上料涂胶单元PLC的I/O功能分配表

I/O地址	功能描述
I0.1	托盘底座检测有信号，I0.1闭合
I0.5	托盘气缸前限有信号，I0.5闭合
I0.6	托盘气缸后限有信号，I0.6闭合
I0.7	送料按钮按下，I0.7闭合
I1.0	启动按钮按下，I1.0闭合
I1.1	停止按钮按下，I1.1闭合
I1.2	复位按钮按下，I1.2闭合
I1.3	联机信号，I1.3闭合
Q0.3	Q0.3闭合，涂胶电磁阀启动
Q0.5	Q0.5闭合，面板运行指示灯（绿）点亮
Q0.6	Q0.6闭合，面板停止指示灯（红）点亮
Q0.7	Q0.7闭合，面板复位指示灯（黄）点亮
Q1.0	Q1.0闭合，托盘气缸电磁阀得电

2. 上料涂胶单元桌面接口板端子分配

上料涂胶单元桌面接口板端子分配见表3-2-3。

表3-2-3 上料涂胶单元桌面接口板端子分配表

桌面接口板地址	线号	功能描述
2	托盘底座检测（I0.1）	托盘底座检测传感器信号线
6	托盘气缸前限（I0.5）	托盘气缸前限信号线
7	托盘气缸后限（I0.6）	托盘气缸后限信号线
8	托盘送料按钮（I0.7）	托盘送料按钮信号线
23	涂胶电磁阀（Q0.3）	涂胶电磁阀信号线
25	托盘送料气缸电磁阀（Q1.0）	托盘送料气缸电磁阀信号线
39	托盘底座检测+	托盘底座检测传感器电源线+端
51	托盘气缸前限−	托盘气缸前限磁性开关−端
52	托盘气缸后限−	托盘气缸后限磁性开关−端
53	送料按钮−	送料按钮电源线−
47	托盘底座检测−	托盘底座检测传感器电源线−
65	涂胶电磁阀−	涂胶电磁阀−
67	托盘送料气缸电磁阀−	托盘送料气缸电磁阀−
63	PS39+	提供24 V 电源+
64	PS3−	提供24 V 电源−

3. 上料涂胶单元挂板接口板端子分配

上料涂胶单元挂板接口板端子分配见表3-2-4。

表3-2-4　上料涂胶单元挂板接口板端子分配表

挂板接口板地址	线号	功能描述
2	I0.1	托盘底座检测有信号
6	I0.5	托盘气缸前限有信号
7	I0.6	托盘气缸后限有信号
8	I0.7	托盘送料按钮
23	Q0.3	涂胶电磁阀
25	Q1.0	托盘送料气缸电磁阀
A	PS3+	继电器常开触点（KA31：6）
B	PS3−	直流电源24 V−进线
C	PS32+	继电器常开触点（KA31：5）
D	PS33+	继电器触点（KA31：9）
E	I1.0	启动按钮
F	I1.1	停止按钮
G	I1.2	复位按钮
H	I1.3	联机信号
I	Q0.5	启动指示灯
J	Q0.6	停止指示灯
K	Q0.7	复位指示灯
L	PS39+	直流24 V+

五、PLC控制线路

PLC控制线路连接如图3-2-21所示。

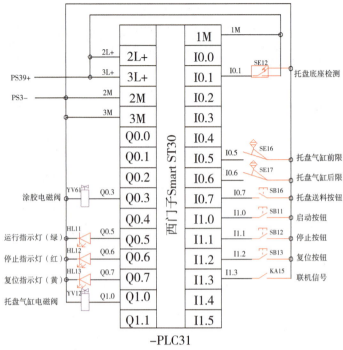

图3-2-21 PLC控制线路连接图

六、线路安装

1. 连接PLC各端子接线

按照图3-2-22所示的接线图，进行PLC控制线路的安装。元件安装及布线应符合工艺要求，布线时严禁损伤线芯和导线绝缘层，导线与接线端子或接线桩连接时，不得压绝缘层，不反圈及不露铜过长。如图3-2-22所示。

图3-2-22 PLC接线实物图

2. 挂板接口板端子接线

按照表3-2-4挂板接口板端子分配表和图3-2-21所示的接线图，进行挂板接口板端子的接线。元件安装及布线应符合工艺要求，布线时严禁损伤线芯和导线绝缘层，导线与接线端子或接线桩连接时，不得压绝缘层，不反圈及不露铜过长。如图3-2-23所示。

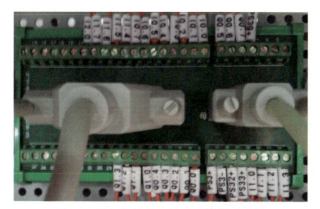

图3-2-23　挂板接口板端子接线实物图

3. 桌面接口板端子接线

按照表3-2-3桌面接口板端子分配表和图3-2-21所示的接线图，进行桌面接口板端子的接线。元件安装及布线应符合工艺要求，布线时严禁损伤线芯和导线绝缘层，导线与接线端子或接线桩连接时，不得压绝缘层，不反圈及不露铜过长。如图3-2-24所示。

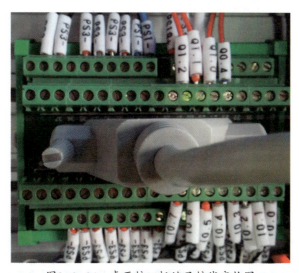

图3-2-24　桌面接口板端子接线实物图

七、PLC程序设计

根据控制要求，可设计出上料涂胶单元的控制程序，参考程序请扫描二维码下载。

上料涂胶单元控制的参考程序

八、系统调试与运行

1. 上电前检查

（1）观察机构上各元件外表是否有明显移位、松动或损坏等现象；如果存在以上现象，及时调整、紧固或更换元件。

（2）对照接口板端子分配表或接线图检查桌面和挂板接线是否正确，尤其要检查24 V电源，电气元件电源线等线路是否有短路、断路现象。

注意：设备初次组装调试时，必须认真检查线路是否正确，接线错误容易造成设备元件损坏。

（3）接通气路，打开气源，检查气压为0.3~0.6 MPa，按下电磁阀手动按钮，确认各气缸及传感器的原始状态。气路连接如图3-2-25所示。

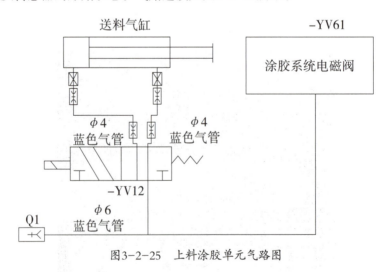

图3-2-25　上料涂胶单元气路图

（4）设备上不能放置任何不属于本工作站的物品，如有发现请及时清除。

2. 气缸速度（节流阀）的调节

调节节流阀使气缸动作顺畅、柔和，控制进出气体的流量，如图3-2-26所示。

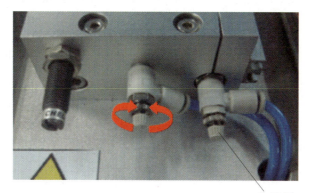

节流阀

图3-2-26　气缸速度的调节

3. 气缸前后限位（磁性开关）的调节

磁性开关安装于无杆气缸的前限位与后限位，确保前后限位分别在气缸缩回和伸出时能够感应到，并输出信号。磁性开关（安装在后限位）的调节如图3-2-27所示。

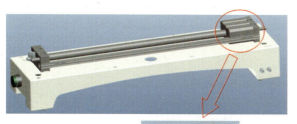

磁性开关

调整移动到最合适位置

图3-2-27　磁性开关的调节

4. 托盘检查信号（光纤传感器）的调试

托盘检查信号调试主要是调节光纤传感器，D10BFP光纤传感器的感应范围为0～10 mm，要求确保料盘放置时能够准确感应到，并输出信号。光纤传感器的调节方法及步骤见表3-2-5。

表3-2-5　光纤传感器的调节方法及步骤

步骤	按键位	动作	图示	说明
进入静态示教		单击一下		电源灯：OFF。 输出灯：ON。 状态灯：LO&DO交替闪烁。 8状态灯：OFF
设定输出ON条件		单击一下		电源灯：OFF。 输出灯：闪烁，然后OFF。 状态灯：LO&DO交替闪烁。 8状态灯：OFF
设定输出OFF条件		单击一下		示教接受。 电源灯：ON。 8状态灯：1LED闪烁显示当前对比度，传感器返回到运行模式
				示教不接受。 电源灯：OFF。 8状态灯：#1、#3、#5、#7交替闪烁，表示失败，传感器返回到运行模式

注：每次按键按下动作时间保持在0.04~0.8 s范围内。

5. 调试故障查询

本任务调试时的故障查询参见表3-2-6。

表3-2-6　故障查询表（1）

故障现象	故障原因	解决方法
设备无法复位	无气压	打开气源或疏通气路
	无杆气缸磁性开关信号丢失	调整磁性开关位置
	PLC输出点烧坏	更换
	接线不良	紧固
	程序出错	修改程序
	开关电源损坏	更换
	PLC损坏	更换

（续表）

故障现象	故障原因	解决方法
无杆气缸不动作	磁性开关信号丢失	调整磁性开关位置
	检测传感器没触发	参照传感器无检测信号项解决
	电磁阀接线错误	检查并更改
	无气压	打开气源或疏通气路
	PLC输出点烧坏	更换
	接线错误	检查线路并更改
	程序出错	修改程序
	开关电源损坏	更换
传感器无检测信号	PLC输入点烧坏	更换
	接线错误	检查线路并更改
	开关电源损坏	更换
	传感器固定位置不合适	调整位置
	传感器损坏	更换

任务考核

对任务实施的完成情况进行检查，并将结果填入表3-2-7内。

表3-2-7　项目三任务二测评表

序号	主要内容	考核要求	评分标准	配分/分	扣分/分	得分/分
1	上料涂胶单元的组装	正确完成安全储料台的安装；正确完成涂胶胶枪的装配；正确完成上料涂胶单元的装配	（1）安全储料台安装有错误或遗漏，每处扣5分； （2）涂胶胶枪的装配有错误或遗漏，每处扣5分； （3）上料涂胶单元的装配有错误或遗漏，每处扣5分	40		
2	上料涂胶单元的程序设计与调试	正确完成单元桌面电气元件的安装与接线；PLC程序设计；系统调试与运行	（1）元器件的安装有错误或遗漏，每处扣5分； （2）接线有错误或遗漏，每处扣5分； （3）不能按照接线图接线，本项不得分； （4）程序设计有错误或遗漏，每处扣5分； （5）系统不能正常运行，扣30分	50		
3	安全文明生产	劳动保护用品穿戴整齐；遵守操作规程；讲文明，懂礼貌；操作结束后要清理现场	（1）操作中，违反安全文明生产考核要求的任何一项扣5分，扣完为止； （2）当发现学生有重大事故隐患时，要立即予以制止，并每次扣5分	10		
合计				100		
开始时间：			结束时间：			

 **多工位旋转工作台的组装、程序设计与调试**

学习目标

1　了解多工位涂装单元整机结构。

2　了解光电开关的工作原理。

3　了解步进电机与驱动器。

4　掌握步进电机原点的光电开关和车位检测的D10BFP光纤传感器的调试方法。

5　会参照装配图进行多工位旋转工作台的组装。

6　会参照接线图完成单元桌面电气元件的安装与接线。

7　能够根据控制要求，完成多工位旋转工作台程序的设计与调试。

任务描述

在多工位涂装单元上有一多工位旋转工作台，在该旋转工作台上有三辆汽车模型，现需要对该多工位旋转工作台进行组装、程序设计及调试，并交有关人员验收，要求安装完成后可按功能要求正常运转。具体要求如下：

（1）完成对多工位旋转工作台的组装。

（2）要求通过PLC程序控制工作台的三个工位的精准定位，待六轴机器人对汽车模型进行前风窗玻璃及后风窗玻璃的预涂胶及装配后，自动转到下一辆。

①按下启动按钮，系统上电。

②按下开始按钮，停留10 s（此时间为机器人预涂胶及安装玻璃时间）后转到下一工位，直到三个工位安装完毕。

③每一工位能手动选择。

④按停止键，停止工作；按复位键，自动复位到原点。

学习储备

一、多工位涂装单元

1. 多工位涂装单元整机结构

多工位涂装单元的功能体现在多工位装配机构通过光纤、光电传感器旋转定位，满足机器人对汽车车窗框架的预涂胶及车窗装配工作。其特点是定位精准，即由步进电机脉冲驱动转动盘，带动汽车模型准确就位。多工位涂装单元的整机结构如图3-3-1所示。

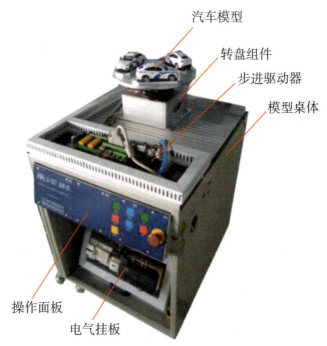

汽车模型

转盘组件

步进驱动器

模型桌体

操作面板

电气挂板

图3-3-1 多工位涂装单元的整机结构图

2. 多工位转盘

多工位转盘通过采用步进电机驱动的电控旋转台带动，实现角度自动调整，它属于精加工蜗轮蜗杆传动，采用精密竖轴系设计，精度高，承载大。同时采用高品质弹性联轴器。配置手动手轮或电动手轮，台面中心有通光孔。可加装零位光电开关或限位开关，可换装伺服电机。标准接口，方便信号传输。多工位转盘的结构如图3-3-2所示，实物如图3-3-3所示。

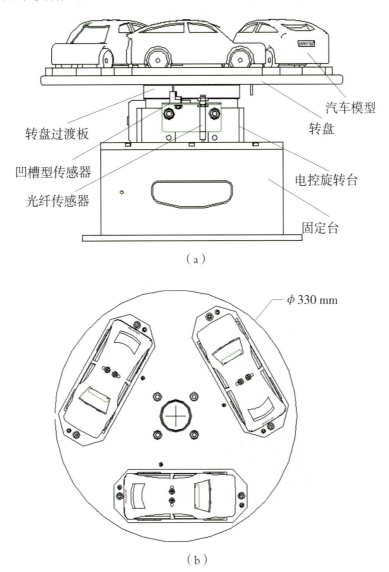

（a）

（b）

图3-3-2　多工位转盘结构图

图3-3-3　多工位转盘实物图

二、槽型光电开关

槽型光电开关是对射式光电开关的一种，又称为U型光电开关。它是一款红外线感应光电产品，其外形实物如图3-3-4所示。其由发射管和红外线接收管组合而成，而槽宽则决定了感应接收信号的强弱与接收信号的距离，以光为媒介，由发光体与受光体间的红外线进行接收与转换，检测物体的位置。槽型光电开关与接近开关同样是无接触式的，受检测的制约少，且检测距离长，可进行长距离的检测（几十米），检测精度高，能检测小物体。槽型光电开关的应用非常广泛。

图3-3-4　槽型光电开关实物图

1. 槽型光电开关工作原理

槽型光电开关是集红外线发射器和红外线接收器于一体的光电传感器，其发射器和接收器分别位于U型槽的两边，并形成一光轴，当被检测物体经过U型槽且阻断光轴时，光电开关就产生了检测到的开关信号。槽型光电开关比较安全可靠，适合检测调整变化的信号，分辨透明与半透明物体，并且可以调节灵敏度。当有被检测物体经过时，将U型光电开关红外线发射器发射的足够量的光线反射到红外线接收器，光电开关就产生了开关信号。

2. 光电开关、光纤传感器的线路连接

本任务的光电开关、光纤传感器的线路连接如图3-3-5所示。

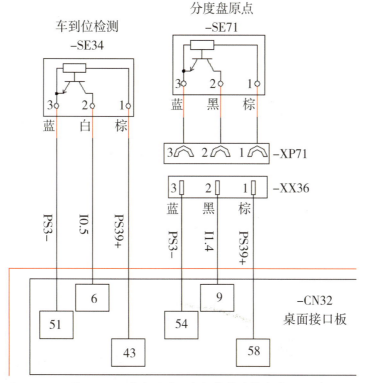

图3-3-5　光电开关、光纤传感器接线图

一、工具设备准备

实施本任务教学所使用的实训工具及设备器材可参考表3-3-1。

表3-3-1　实训工具及设备器材

序号	分类	名称	型号规格	数量	单位
1	工具	电工常用工具	—	1	套
2		内六角扳手	3.0 mm	1	个
3		内六角扳手	4.0 mm	1	个
4	设备器材	ABB机器人	SX-CSET-JD08-05-34	1	套
5		多工位涂装模型	SX-CSET-JD08-05-32	1	套
6		胶枪治具组件	SX-CSET-JD08-05-12	1	套
7		上料涂胶模型	SX-CSET-JD08-05-31	1	套
8		按键吸盘组件	SX-CSET-JD08-05-11	1	套
9		夹具座组件	SX-CSET-JD08-05-15A	2	套
10		气源两联件组件	SX-CSET-JD08-05-16	1	套

二、多工位涂装单元的组装

1. 电控分度盘与多工位固定台的组装

（1）从实训任务存储箱中取出电控分度盘（图3-3-6）和多工位固定台与汽车模型（图3-3-7）。

图3-3-6　电控分度盘　　　　图3-3-7　多工位固定台与汽车模型

（2）按图3-3-8所示把电控分度盘和多工位固定台与汽车模型组装起来，安装好的多工位模型如图3-3-9所示。

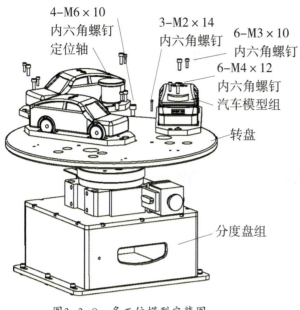

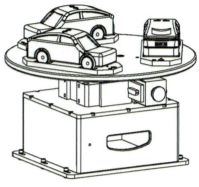

图3-3-8   多工位模型安装图　　　　　　　图3-3-9   安装好的多工位模型

2. 多工位涂装单元信号线接插头对接

（1）将组装好的多工位涂装模型安装到桌面上，如图3-3-10所示。

图3-3-10   安装好的多工位涂装单元

（2）对照电气原理图及I/O分配表把信号线接插头对接好，安装方式如图3-3-11所示。光纤头直接插入对应的光纤放大器；步进驱动器输出接口与电控分度盘9针插口连接。

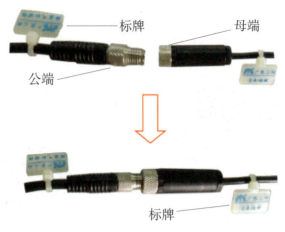

图3-3-11　接插线连接

三、多工位旋转台功能框图

根据控制要求，画出多工位旋转台功能框图，见图3-3-12。

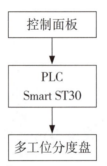

图3-3-12　多工位旋转台功能框图

四、多工位涂装单元的设计

1. I/O功能分配

多工位涂装单元PLC的I/O功能分配见表3-3-2。

表3-3-2　多工位涂装单元PLC的I/O功能分配表

I/O地址	功能描述
I0.5	车位检测有信号，I0.5闭合
I1.4	分度盘原点有信号，I1.4闭合
I1.0	启动按钮按下，I1.0闭合
I1.1	停止按钮按下，I1.1闭合
I1.2	复位按钮按下，I1.2闭合
I1.3	联机信号，I1.3闭合
Q0.0	Q0.0闭合，步进驱动器得到脉冲信号，步进电机运行
Q0.2	Q0.2闭合，改变步进电机运行方向
Q0.5	Q0.5闭合，面板运行指示灯（绿）点亮
Q0.6	Q0.6闭合，面板停止指示灯（红）点亮
Q0.7	Q0.7闭合，面板复位指示灯（黄）点亮

2. 多工位涂装单元桌面接口板端子分配

多工位涂装单元桌面接口板端子分配见表3-3-3。

表3-3-3　多工位涂装单元桌面接口板端子分配表

桌面接口板地址	线号	功能描述
6	车到位检测（I0.5）	车位检测信号
9	分度盘原点检测（I1.4）	分度盘原点信号
20	步进脉冲（Q0.0）	步进电机运行
22	步进方向（Q0.2）	步进电机运行方向
58	分度盘原点检测+	分度盘原点传感器电源线+端
43	车位检测+	车位检测传感器电源线+端
54	分度盘原点检测−	分度盘原点传感器电源线−端
51	车位检测−	车位检测传感器电源线−端
62	步进驱动器电源+	步进驱动器电源+
65	步进驱动器电源−	步进驱动器电源−

3. 多工位涂装单元挂板接口板端子分配

多工位涂装单元挂板接口板端子分配见表3-3-4。

表3-3-4　多工位涂装单元挂板接口板端子分配表

挂板接口板地址	线号	功能描述
6	I0.5	车位检测信号
9	I1.4	分度盘原点信号
20	Q0.0	步进电机运行
22	Q0.2	步进电机运行方向
A	PS3+	继电器常开触点（KA31：6）
B	PS3−	直流电源24 V−进线
C	PS32+	继电器常开触点（KA31：5）
D	PS33+	继电器触点（KA31：9）
E	I1.0	启动按钮
F	I1.1	停止按钮
G	I1.2	复位按钮
H	I1.3	联机信号
I	Q0.5	启动指示灯
J	Q0.6	停止指示灯
K	Q0.7	复位指示灯
L	PS39+	直流24 V+

五、PLC控制线路

PLC控制线路连接如图3-3-13所示。

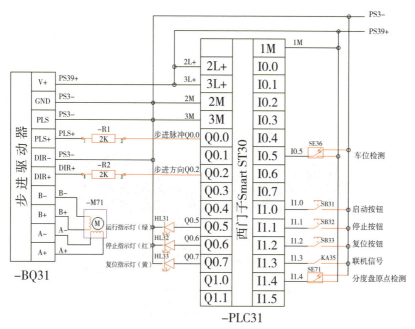

图3-3-13　PLC控制线路接线图

六、线路安装

1. 连接PLC各端子接线

按照图3-3-14所示的接线图，进行PLC控制线路的安装。元件安装及布线应符合工艺要求，布线时严禁损伤线芯和导线绝缘层，导线与接线端子或接线桩连接时，不得压绝缘层，不反圈及不露铜过长。如图3-3-14所示。

图3-3-14　PLC接线实物图

2. 挂板接口板端子接线

按照表3-3-4挂板接口板端子分配表和图3-3-14所示的接线图,进行挂板接口板端子的接线。元件安装及布线应符合工艺要求,布线时严禁损伤线芯和导线绝缘层,导线与接线端子或接线桩连接时,不得压绝缘层,不反圈及不露铜过长。如图3-3-15所示。

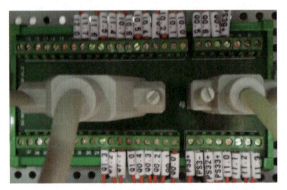

图3-3-15 挂板接口板端子接线实物图

3. 桌面接口板端子接线

按照表3-3-3桌面接口板端子分配表和图3-3-15所示的接线图,进行桌面接口板端子的接线。元件安装及布线应符合工艺要求,布线时严禁损伤线芯和导线绝缘层,导线与接线端子或接线桩连接时,不得压绝缘层,不反圈及不露铜过长。如图3-3-16所示。

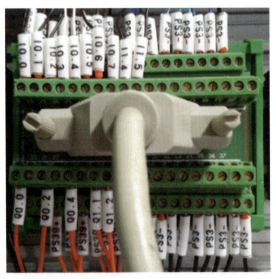

图3-3-16 桌面接口板端子接线实物图

4. 步进电机与驱动器端子的接线

按照图3-3-13所示的接线图，进行步进电机与驱动器端子控制线路的安装。元件安装及布线应符合工艺要求，布线时严禁损伤线芯和导线绝缘层，导线与接线端子或接线桩连接时，不得压绝缘层，不反圈及不露铜过长。如图3-3-17所示。

图3-3-17　步进电机与驱动器接线实物图

七、PLC程序设计

根据控制要求，可设计出多工位涂装单元的控制程序，参考程序可以扫描二维码下载。

多工位涂装单元
控制的参考程序

八、系统调试与运行

1. 上电前的检查

（1）观察机构上各元件外表是否有明显移位、松动或损坏等现象；如果存在以上现象，及时调整、紧固或更换元件。

（2）对照接口板端子分配表或接线图检查桌面和挂板接线是否正确，尤其要检查24V电源，电气元件电源线等线路是否有短路、断路现象。

注意：设备初次组装调试时，必须认真检查线路是否正确，接线错误容易造成设备元件损坏。

2. 车位、工位的检测

（1）检查和调试车位（光纤传感器）及工位检测（光电开关传感器）的位置。

（2）在进行EE-SX951槽型光电开关的调试时，注意观察槽型光电开关与原点感应片是否有干涉现象，或感应片是否进入槽型光电开关的感应区域，如图3-3-18所示。

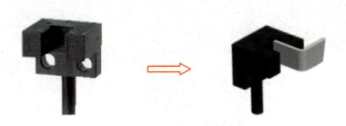

图3-3-18　槽型光电开关的调试

3. 调试故障查询

本任务调试时的故障查询参见表3-3-5。

表3-3-5　故障查询表（2）

故障现象	故障原因	解决方法
设备无法复位	无气压	打开气源或疏通气路
	PLC输出点烧坏	更换
	接线不良	紧固
	程序出错	修改程序
	开关电源损坏	更换
	PLC损坏	更换
步进电机不动作	接线不良	紧固
	PLC输出点烧坏	更换
	步进电机损坏	更换
传感器无检测信号	PLC输入点烧坏	更换
	接线错误	检查线路并更改

（续表）

故障现象	故障原因	解决方法
传感器无检测信号	开关电源损坏	更换
	传感器固定位置不合适	调整位置
	传感器损坏	更换

任务考核

对任务实施的完成情况进行检查，并将结果填入表3-3-6内。

表3-3-6　项目三任务三测评表

序号	主要内容	考核要求	评分标准	配分/分	扣分/分	得分/分
1	多工位涂装单元的组装	正确完成电控分度盘与多工位固定台的组装；正确完成多工位涂装单元的装配	（1）电控分度盘与多工位固定台的组装有错误或遗漏，每处扣5分；（2）涂胶胶枪的装配有错误或遗漏，每处扣5分；（3）多工位涂装单元的装配有错误或遗漏，每处扣5分	40		
2	多工位涂装单元的程序设计与调试	正确完成单元桌面电气元件的安装与接线；PLC程序设计；系统调试与运行	（1）元器件的安装有错误或遗漏，每处扣5分；（2）接线有错误或遗漏，每处扣5分；（3）不能按照接线图接线，本项不得分；（4）程序设计有错误或遗漏，每处扣5分；（5）系统不能正常运行，扣30分	50		

（续表）

序号	主要内容	考核要求	评分标准	配分/分	扣分/分	得分/分
3	安全文明生产	劳动保护用品穿戴整齐；遵守操作规程；讲文明，懂礼貌；操作结束后要清理现场	（1）操作中，违反安全文明生产考核要求的任何一项扣5分，扣完为止；（2）当发现学生有重大事故隐患时，要立即予以制止，并每次扣5分	10		
	合计			100		
	开始时间：		结束时间：			

 **机器人拾取车窗玻璃并涂胶程序设计与调试**

学习目标

1 熟练掌握涂胶枪的使用方法，能快速地对各点进行示教。

2 能根据控制要求，完成机器人拾取车窗玻璃并涂胶的程序设计及示教，并能解决程序运行过程中出现的常见问题。

任务描述

　　有一台多工位汽车车窗装配机构，机器人将车窗玻璃从托盘拾取送到涂胶工作区，同时涂胶机准备就绪，现需要设计PLC和机器人控制程序并调试。

　　具体的控制要求如下：

　　（1）按下启动按钮，系统上电。

　　（2）按下开始按钮，系统自动运行，先拾取前风窗玻璃，送到涂胶位置后，对玻璃周边进行均匀涂胶，涂完后停留2 s再送回原位，重复动作，拾取后风窗玻璃；最后回到原点。机器人控制盘动作速度不能过快（≤40%）。

　　（3）按停止键，机器人动作停止。

　　（4）按复位键，自动复位到原点。

学习储备

一、安全送料机构的检查

安全送料机构的检查内容如下：

（1）传感器部分的调试。

（2）节流阀：控制进出气体流量，调节节流阀使气缸动作顺畅柔和。

（3）电磁阀：接通气路，打开气源，按下电磁阀的旋具，压下回转锁定式按钮后可以锁定；将气动元件调节到最佳状态即可，并确认各气缸原始状态。

（4）托盘存放：托盘的存放区及安全操作区。

（5）按键摆放及检查：车窗玻璃布满托盘时的整体效果。

（6）调试故障查询：送料机构的故障查询参见表3-4-1。

表3-4-1 故障查询表（3）

故障现象	故障原因	解决方法
设备无法复位	无气压	打开气源或疏通气路
	无杆气缸磁性开关信号丢失	调整磁性开关位置
	PLC输出点烧坏	更换
	接线不良	紧固
	程序出错	修改程序
	开关电源损坏	更换
	PLC损坏	更换
无杆气缸不动作	磁性开关信号丢失	调整磁性开关位置
	检测传感器没触发	参照传感器无检测信号项解决
	电磁阀接线错误	检查并更改
	无气压	打开气源或疏通气路
	PLC输出点烧坏	更换

（续表）

故障现象	故障原因	解决方法
无杆气缸不动作	接线错误	检查线路并更改
	程序出错	修改程序
	开关电源损坏	更换
	送料按钮损坏	更换
传感器无检测信号	PLC输入点烧坏	更换
	接线错误	检查线路并更改
	开关电源损坏	更换
	传感器固定位置不合适	调整位置
	传感器损坏	更换

二、上料涂胶单元接口板端子分配的检查

1. 上料涂胶单元挂板接口板端子分配

上料涂胶单元挂板接口板端子分配见表3-4-2。

表3-4-2　上料涂胶单元挂板接口板端子分配表

接口板地址	线号	功能描述
2	I0.1	托盘底座检测有信号
6	I0.5	托盘气缸前限有信号
7	I0.6	托盘气缸后限有信号
8	I0.7	托盘送料按钮
23	Q0.3	涂胶电磁阀
25	Q1.0	托盘送料气缸电磁阀
A	PS3+	继电器常开触点（KA31：6）
B	PS3-	直流电源24 V-进线
C	PS32+	继电器常开触点（KA31：5）
D	PS33+	继电器触点（KA31：9）

（续表）

接口板地址	线号	功能描述
E	I1.0	启动按钮
F	I1.1	停止按钮
G	I1.2	复位按钮
H	I1.3	联机信号
I	Q0.5	启动指示灯
J	Q0.6	停止指示灯
K	Q0.7	复位指示灯
L	PS39+	直流24 V+

2. 上料涂胶单元桌面接口板端子分配

上料涂胶单元桌面接口板端子分配见表3-4-3。

表3-4-3　上料涂胶单元桌面接口板端子分配表

接口板地址	线号	功能描述
2	托盘底座检测（I0.1）	托盘底座检测传感器信号线
6	托盘气缸前限（I0.5）	托盘气缸前限信号线
7	托盘气缸后限（I0.6）	托盘气缸后限信号线
8	托盘送料按钮（I0.7）	托盘送料按钮信号线
23	涂胶电磁阀（Q0.3）	涂胶电磁阀信号线
25	托盘送料气缸电磁阀（Q1.0）	托盘送料气缸电磁阀信号线
39	托盘底座检测+	托盘底座检测传感器电源线+端
51	托盘气缸前限-	托盘气缸前限磁性开关-端
52	托盘气缸后限-	托盘气缸后限磁性开关-端
53	送料按钮-	送料按钮电源线-
47	托盘底座检测-	托盘底座检测传感器电源线-
65	涂胶电磁阀-	涂胶电磁阀-

（续表）

接口板地址	线号	功能描述
67	托盘送料气缸电磁阀–	托盘送料气缸电磁阀–
63	PS39+	提供24 V电源+
64	PS3–	提供24 V电源–

三、机器人单元接口板端子接线的检查

1. 机器人单元挂板接口板端子分配

机器人单元挂板接口板端子分配见表3–4–4。

表3-4-4　机器人单元挂板接口板端子分配表

接口板地址	线号	功能描述
1	IN1	机器人夹具1到位信号
2	IN2	机器人夹具2到位信号
20	OUT1	快换夹具电磁阀动作
21	OUT2	工作A电磁阀动作
22	OUT3	工作B电磁阀动作
A	PS2+	继电器常开触点（KA21：10）
B	PS2–	直流电源24 V–进线
C	PS22+	继电器常开触点（KA21：5）
D	PS23+	继电器触点（KA21：9）
E	I0.0	启动按钮
F	I0.1	停止按钮
G	I0.2	复位按钮
H	I0.3	联机信号
I	Q1.0	启动指示灯
J	Q1.1	停止指示灯
K	Q1.2	复位指示灯
L	PS29+	直流24 V+

2. 机器人单元桌面接口板端子分配

机器人单元桌面接口板端子分配见表3-4-5。

表3-4-5　机器人单元桌面接口板端子分配表

接口板地址	线号	功能描述
1	夹具1到位信号	槽型光电传感器信号线
2	夹具2到位信号	槽型光电传感器信号线
20	快换夹具电磁阀	电磁阀信号线
21	工作A电磁阀	电磁阀信号线
22	工作B电磁阀	电磁阀信号线
38	夹具1到位信号+	槽型光电传感器电源线+
39	夹具2到位信号+	槽型光电传感器电源线+
60	快换夹具电磁阀+	电磁阀电源线+
61	工作A电磁阀+	电磁阀电源线+
62	工作B电磁阀+	电磁阀电源线+
46	夹具1到位信号−	槽型光电传感器电源线−
47	夹具2到位信号−	槽型光电传感器电源线−
63	PS29+	提供24 V电源+
64	PS2−	提供24 V电源−

任务实施

一、工具设备准备

实施本任务教学所使用的实训工具及设备器材可参考表3-4-6。

表3-4-6　实训工具及设备器材

序号	分类	名称	型号规格	数量	单位
1	工具	电工常用工具	—	1	套
2		内六角扳手	3.0 mm	1	个
3		内六角扳手	4.0 mm	1	个
4	设备器材	ABB机器人	SX-CSET-JD08-05-34	1	套
5		多工位涂装模型	SX-CSET-JD08-05-32	1	套
6		胶枪治具组件	SX-CSET-JD08-05-12	1	套
7		上料涂胶模型	SX-CSET-JD08-05-31	1	套
8		按键吸盘组件	SX-CSET-JD08-05-11	1	套
9		夹具座组件	SX-CSET-JD08-05-15A	2	套
10		气源两联件组件	SX-CSET-JD08-05-16	1	套

二、机器人单元控制流程

根据任务要求，画出机器人单元控制流程图，见图3-4-1。

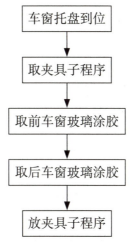

图3-4-1　机器人单元控制流程图（1）

三、I/O功能分配

机器人与PLC对应I/O功能分配见表3-4-7。

表3-4-7　机器人与PLC对应I/O功能分配表

序号	PLC I/O地址	功能描述	对应机器人I/O
1	I0.0	按下面板启动按钮，I0.0闭合	无
2	I0.1	按下面板停止按钮，I0.1闭合	无
3	I0.2	按下面板复位按钮，I0.2闭合	无
4	I0.3	联机信号触发，I0.3闭合	无
5	I1.2	自动模式，I1.2闭合	OUT4
6	I1.3	伺服运行中，I1.3闭合	OUT5
7	I1.4	程序运行，I1.4闭合	OUT6
8	I1.5	异常报警，I1.5闭合	OUT7
9	I1.6	机器人急停，I1.6闭合	OUT8
10	I1.7	机器人回到原点，I1.7闭合	OUT9
11	I2.0	物料到位，I2.0闭合	OUT10
12	I2.1	换车信号，I2.1闭合	OUT11
13	I2.2	换料信号，I2.2闭合	OUT12
14	I2.3	汽车全部涂装完成，I2.3闭合	OUT13
15	Q0.0	Q0.0闭合，机器人上电，电机ON	IN4
16	Q0.1	Q0.1闭合，电机运行	IN5
17	Q0.2	Q0.2闭合，主程序运行	IN6
18	Q0.3	Q0.3闭合，运行	IN7
19	Q0.4	Q0.4闭合，停止	IN8
20	Q0.5	Q0.5闭合，电机关闭	IN9
21	Q0.6	Q0.6闭合，机器人异常复位	IN10
22	Q0.7	Q0.7闭合，PLC复位信号	IN11

（续表）

序号	PLC I/O地址	功能描述	对应机器人I/O
23	Q1.0	Q1.0闭合，面板运行指示灯（绿）点亮	无
24	Q1.1	Q1.1闭合，面板停止指示灯（红）点亮	无
25	Q1.2	Q1.2闭合，面板复位指示灯（黄）点亮	无
26	Q1.3	Q1.3闭合，动作开始	IN12
27	Q1.4	Q1.4闭合，汽车车窗到位信号	IN13
28	Q1.5	Q1.5闭合，汽车模型到位信号	IN14
29	无	OUT1为ON，工作A YV21电磁阀动作	OUT1
30	无	OUT2为ON，工作B YV22电磁阀动作	OUT2
31	无	OUT3为ON，工作B YV23电磁阀动作	OUT3
32	无	夹具1到位，槽型光电传感器OFF，IN1为OFF	IN1
33	无	夹具2到位，槽型光电传感器OFF，IN2为OFF	IN2

四、机器人控制程序的设计

　　根据控制要求，设计出机器人控制程序，并下载到本体。机器人的参考程序如下：

1. 机器人拾取吸盘夹具子程序设计（仅供参考）

```
PROC Gripper3（ ）
        MoveJ Offs(ppick1,0,0,50),v200,z60,tool0;
        Set DO10_1;
        MoveL Offs(ppick1,0,0,0),v20,fine,tool0;
        Reset DO10_1;
        WaitTime 1;
        MoveL Offs(ppick1,−3,−120,30),v50,z60,tool0;
        MoveL Offs(ppick1,−3,−120,260),v100,z60,tool0;
ENDPROC
```

2. 机器人车窗涂胶子程序设计（仅供参考）

```
PROC assembly（ ）
        MoveJ Offs(p26,ncount1*40,0,20),v100,z60,tool0;
        MoveL Offs(p26,ncount1*40,0,0),v100,fine,tool0;
        Set DO10_2;
        Set DO10_3;
        WaitTime 1;
        MoveL Offs(p26,ncount1*40,0,40),v100,z60,tool0;
        Set DO10_10;
        MoveJ p27,v100,z60,tool0;
        MoveJ Offs(p28,−50,0,0),v100,z60,tool0;
        MoveL Offs(p28,0,0,0),v100,z60,tool0;
        Reset DO10_10;
        MoveJ p29,v100,z60,tool0;
        MoveJ p30,v100,z60,tool0;
        MoveJ p31,v100,z60,tool0;
        MoveJ p32,v100,z60,tool0;
        MoveJ p33,v100,z60,tool0;
        MoveJ p28,v100,z60,tool0;
        MoveL Offs(p28,−80,0,0),v100,z60,tool0;
        MoveJ Offs(p42,−50,0,0),v100,z60,tool0;
        MoveL Offs(p42,0,0,0),v100,z60,tool0;
        Reset DO10_10;
        MoveJ p43,v100,z60,tool0;
        MoveJ p44,v100,z60,tool0;
        MoveJ p45,v100,z60,tool0;
        MoveJ p46,v100,z60,tool0;
        MoveJ p47,v100,z60,tool0;
        MoveJ p42,v100,z60,tool0;
```

```
MoveL Offs(p42,-80,0,0),v100,z60,tool0;

Set DO10_11;

ncount1:=ncount1+1;

    IF ncount1 > 2 THEN

        ncount1:=0;

        Set DO10_12;

    ENDIF
ENDPROC
```

3. 机器人放吸盘夹具子程序设计（仅供参考）

```
PROC placeGripper3（）

        MoveJ Offs(ppick1,-3,-120,220),v200,z100,tool0;

        MoveL Offs(ppick1,-3,-120,20),v100,z100,tool0;

        MoveL Offs(ppick1,0,0,0),v60,fine,tool0;

        Set DO10_1;

        WaitTime 1;

        MoveL Offs(ppick1,0,0,40),v30,z100,tool0;

        MoveL Offs(ppick1,0,0,50),v60,z100,tool0;

        Reset DO10_1;

        Reset DO10_10;

        Reset DO10_11;

        Reset DO10_12;

        IF DI10_12=0 THEN

            MoveJ Home,v200,z100,tool0;

        ENDIF
    ENDPRO
```

五、机器人示教点的示教

启动机器人，打开RobotStudio软件，学生可自行编程或者下载参考程序，程序下

载完毕后，用示教器进行点的示教，示教点的运行轨迹如图3-4-2、图3-4-3所示。

示教的主要内容包括：

（1）原点示教。

（2）前风窗玻璃吸取点示教。

（3）后风窗玻璃吸取点示教。

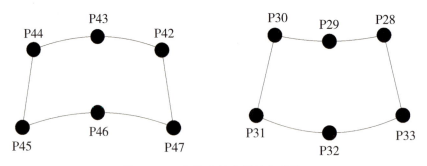

图3-4-2　涂胶示教点的运行轨迹

5	6
3	4
1 P41	2 P26

图3-4-3　托盘示教点的运行轨迹

六、系统的运行调试

系统的运行调试分为单机自动运行调试和联机自动运行调试。系统按钮操作面板如图3-4-4所示。

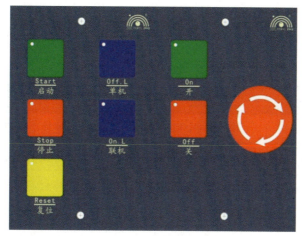

图3-4-4 系统按钮操作面板

1. 单机自动运行调试

（1）在确保接线无误后，松开"急停"按钮，按下"开"按钮，设备上电。

（2）将机器人控制器置于自动挡，调节机器人伺服速度（试运行需低速，正常运行可自行设定）。

（3）按下"单机"按钮，单击指示灯点亮（设备默认为单机状态），再按下"复位"按钮，设备复位，复位指示灯点亮。

（4）复位成功后按"启动"按钮，启动指示灯亮，复位指示灯灭，设备开始运行。

（5）在设备运行过程中随时按下"停止"按钮，停止指示灯亮并且启动指示灯灭，设备停止运行。

（6）当设备运行过程中遇到紧急状况时，应迅速按下"急停"按钮，设备断电。

2. 联机自动运行调试

（1）确认通信线连接完好，在上电复位状态下，按下"联机"按钮，联机指示灯亮，单机指示灯灭，进入联网状态。

（2）确认上料涂胶单元物料和多工位涂装单元物料均按标识摆放。

（3）各站置为联机状态，统一在上料涂胶单元执行"停止"—"复位"—"启动"等操作，设备正常启动后，按下"送料"按钮，整个系统开始联机运行。

（4）确认整个流程顺畅无误后，可自行提高机器人速度。

3. 调试故障查询

本任务调试时的故障查询见表3-4-8。

表3-4-8　故障查询表（4）

故障现象	故障原因	解决方法
设备不能正常上电	电气件损坏	更换电气件
	线路接线脱落或错误	检查电路并重新接线
按钮指示灯不亮	接线错误	检查电路并重新接线
	程序错误	修改程序
	指示灯损坏	更换
PLC灯闪烁报警	程序出错	改进程序，重新写入
PLC提示"参数错误"	端口选择错误	选择正确的端口号和通信参数
	PLC出错	执行"PLC存储器清除"命令，直到灯灭为止
传感器对应的PLC输入点没输入	PLC与传感器接线错误	检查电缆并重新连接
	传感器损坏	更换传感器
	PLC输入点损坏	更换输入点
PLC输出点没有动作	接线错误	按正确的方法重新接线
	相应器件损坏	更换器件
	PLC输出点损坏	更换输出点
上电，机器人报警	机器人的安全信号没有连接	按照机器人接线图接线
机器人不能启动	机器人的运行程序未选择	在控制器的操作面板选择程序名（在第一次运行机器人时）
	机器人专用I/O没有设置	设置机器人专用I/O（在第一次运行机器人时）
	PLC的输出端没有输出	监控PLC程序

（续表）

故障现象	故障原因	解决方法
机器人不能启动	PLC的输出端子损坏	更换其他端子
	线路错误或接触不良	检查电缆并重新连接
机器人启动就报警	原点数据没有设置	输入原点数据（在第一次运行机器人时）
机器人运动过程中报警	机器人从当前点到下一个点，不能直接移动过去	重新示教下一个点
	气缸节流阀锁死	松开节流阀
	机械结构卡死	调整结构件

任务考核

— □ ×

对任务实施的完成情况进行检查，并将结果填入表3-4-9内。

表3-4-9　项目三任务四测评表

序号	主要内容	考核要求	评分标准	配分/分	扣分/分	得分/分
1	机器人拾取车窗玻璃并涂胶控制程序的设计和调试	列出PLC控制I/O（输入/输出）元件地址分配表，根据加工工艺，设计梯形图及PLC控制I/O（输入/输出）接线图	（1）输入/输出地址遗漏或错误，每处扣5分；（2）梯形图表达不正确或画法不规范，每处扣1分；（3）接线图表达不正确或画法不规范，每处扣2分	40		

（续表）

序号	主要内容	考核要求	评分标准	配分/分	扣分/分	得分/分
1	机器人拾取车窗玻璃并涂胶控制程序的设计和调试	按PLC控制I/O（输入/输出）接线图在配线板上正确安装，安装要准确、紧固，配线导线要紧固、美观，导线要进线槽，导线要有端子标号	（1）损坏元件扣5分； （2）布线不进线槽、不美观，主电路、控制电路每根扣1分； （3）接点松动、露铜过长、反圈、压绝缘层，标记线号不清楚、遗漏或误标，引出端无别径压端子，每处扣1分； （4）损伤导线绝缘层或线芯，每根扣1分； （5）不按PLC控制I/O（输入/输出）接线图接线，每处扣5分	10		
		熟练、正确地将所编程序输入PLC；按照被控设备的动作要求进行模拟调试，达到设计要求	（1）不会熟练操作PLC键盘输入指令扣2分； （2）不会用删除、插入、修改、存盘等命令，每项扣2分； （3）仿真试车不成功扣30分	40		
2	安全文明生产	劳动保护用品穿戴整齐；遵守操作规程；讲文明，懂礼貌；操作结束后要清理现场	（1）操作中，违反安全文明生产考核要求的任何一项扣5分，扣完为止； （2）当发现学生有重大事故隐患时，要立即予以制止，并每次扣5分	10		
合计				100		
	开始时间：		结束时间：			

机器人装配车窗程序设计与调试

学习目标

① 熟练掌握机器人单元与多工位单元之间的配合。

② 熟悉机器人装配车窗的先后顺序，能快速地对各点进行示教。

③ 能根据控制要求，完成机器人装配车窗的程序设计与调试，并能解决程序运行过程中出现的常见问题。

任务描述

有一台多工位汽车车窗装配机构，通过PLC与六轴机器人对一台汽车模型进行前风窗玻璃及后风窗玻璃的装配，现需要设计PLC和机器人控制程序并调试。

具体的控制要求如下：

（1）按下启动按钮，系统上电。

（2）按下开始按钮，系统自动运行。

①先拾取前风窗玻璃，安装在前挡风位置，停留2 s；

②然后拾取后风窗玻璃，安装在后挡风位置，停留2 s；

③最后回到原点，机器人控制盘动作速度不能过快（≤40%）。

（3）按停止键，机器人动作停止。

（4）按复位键，自动复位到原点。

一、多工位车位转盘的检查

1. 多工位车位转盘的结构

车位转盘由电控旋转台带动，电控旋转台采用步进电机驱动，实现角度自动调整，如图3-5-1所示。其采用精加工蜗轮蜗杆传动。精密竖轴系设计，精度高，承载大。采用高品质弹性联轴器。配置手动手轮，电动手动均可，并可加装零位光电开关或限位开关，也可换装伺服电机。

（a）电控分度盘　　　　　　（b）多工位固定台与汽车模型

图3-5-1　多工位车位转盘

2. 槽型光电开关的检查

用物体阻挡光电开关的光源，检查指示灯是否有反应，以及其明暗情况。注意观察槽型光电开关与原点感应片是否有干涉现象，或感应片是否进入槽型光电开关的感应区域，如图3-5-2所示。

图3-5-2　槽型光电开关调试图示

3. 检查光纤传感器

车位检测的光纤传感器应当在汽车模型进入装配点时，能检测到是否有汽车。

二、多工位涂装单元挂板和桌面接口板端子接线的检查

1. 多工位涂装单元挂板接口板端子分配

多工位涂装单元挂板接口板端子分配见表3-5-1。

表3-5-1　多工位涂装单元挂板接口板端子分配表

接口板地址	线号	功能描述
6	I0.5	车位检测信号
9	I1.4	分度盘原点信号
20	Q0.0	步进电机运行
22	Q0.2	步进电机运行方向
A	PS3+	继电器常开触点（KA31：6）
B	PS3-	直流电源24 V-进线
C	PS32+	继电器常开触点（KA31：5）
D	PS33+	继电器触点（KA31：9）
E	I1.0	启动按钮
F	I1.1	停止按钮
G	I1.2	复位按钮
H	I1.3	联机信号
I	Q0.5	启动指示灯
J	Q0.6	停止指示灯
K	Q0.7	复位指示灯
L	PS39+	直流24 V+

2. 多工位涂装单元桌面接口板端子分配

多工位涂装单元桌面接口板端子分配见表3-5-2。

表3-5-2　多工位涂装单元桌面接口板端子分配表

接口板地址	线号	功能描述
6	车到位检测（I0.5）	车位检测信号
9	分度盘原点检测（I1.4）	分度盘原点信号
20	步进脉冲（Q0.0）	步进电机运行
22	步进方向（Q0.2）	步进电机运行方向
58	分度盘原点检测+	分度盘原点传感器电源线+端
43	车位检测+	车位检测传感器电源线+端
54	分度盘原点检测−	分度盘原点传感器电源线−端
51	车位检测−	车位检测传感器电源线−端
62	步进驱动器电源+	步进驱动器电源+
65	步进驱动器电源−	步进驱动器电源−
63	PS39+	提供24 V电源+
64	PS3−	提供24 V电源−

任务实施

一、工具设备准备

实施本任务教学所使用的实训工具及设备器材可参考表3-5-3。

表3-5-3　实训工具及设备器材

序号	分类	名称	型号规格	数量	单位
1		电工常用工具	—	1	套
2	工具	内六角扳手	3.0 mm	1	个
3		内六角扳手	4.0 mm	1	个

（续表）

序号	分类	名称	型号规格	数量	单位
4	设备器材	ABB机器人	SX-CSET-JD08-05-34	1	套
5		多工位涂装模型	SX-CSET-JD08-05-32	1	套
6		胶枪治具组件	SX-CSET-JD08-05-12	1	套
7		上料涂胶模型	SX-CSET-JD08-05-31	1	套
8		按键吸盘组件	SX-CSET-JD08-05-11	1	套
9		夹具座组件	SX-CSET-JD08-05-15A	2	套
10		气源两联件组件	SX-CSET-JD08-05-16	1	套

二、机器人单元控制流程

根据任务要求，画出机器人单元控制流程图，见图3-5-3。

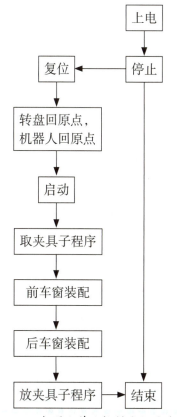

图3-5-3 机器人单元控制流程图（2）

三、I/O功能分配

机器人与PLC对应I/O功能分配（参数写入时需重启控制器）见表3-5-4。

表3-5-4　机器人与PLC对应I/O功能分配表

序号	PLC I/O地址	功能描述	对应机器人I/O
1	I0.0	按下面板启动按钮，I0.0闭合	无
2	I0.1	按下面板停止按钮，I0.1闭合	无
3	I0.2	按下面板复位按钮，I0.2闭合	无
4	I0.3	联机信号触发，I0.3闭合	无
5	I1.2	自动模式，I1.2闭合	OUT4
6	I1.3	伺服运行中，I1.3闭合	OUT5
7	I1.4	程序运行，I1.4闭合	OUT6
8	I1.5	异常报警，I1.5闭合	OUT7
9	I1.6	机器人急停，I1.6闭合	OUT8
10	I1.7	机器人回到原点，I1.7闭合	OUT9
11	I2.0	物料到位，I2.0闭合	OUT10
12	I2.1	换车信号，I2.1闭合	OUT11
13	I2.2	换料信号，I2.2闭合	OUT12
14	I2.3	汽车全部涂装完成，I2.3闭合	OUT13
15	Q0.0	Q0.0闭合，机器人上电，电机ON	IN4
16	Q0.1	Q0.1闭合，电机运行	IN5
17	Q0.2	Q0.2闭合，主程序运行	IN6
18	Q0.3	Q0.3闭合，运行	IN7
19	Q0.4	Q0.4闭合，停止	IN8
20	Q0.5	Q0.5闭合，电机关闭	IN9
21	Q0.6	Q0.6闭合，机器人异常复位	IN10
22	Q0.7	Q0.7闭合，PLC复位信号	IN11
23	Q1.0	Q1.0闭合，面板运行指示灯（绿）点亮	无

（续表）

序号	PLC I/O地址	功能描述	对应机器人I/O
24	Q1.1	Q1.1闭合，面板停止指示灯（红）点亮	无
25	Q1.2	Q1.2闭合，面板复位指示灯（黄）点亮	无
26	Q1.3	Q1.3闭合，动作开始	IN12
27	Q1.4	Q1.4闭合，汽车车窗到位信号	IN13
28	Q1.5	Q1.5闭合，汽车模型到位信号	IN14
29	无	OUT1为ON，工作A YV21电磁阀动作	OUT1
30	无	OUT2为ON，工作B YV22电磁阀动作	OUT2
31	无	OUT3为ON，工作B YV23电磁阀动作	OUT3
32	无	夹具1到位，槽型光电传感器OFF，IN1为OFF	IN1
33	无	夹具2到位，槽型光电传感器OFF，IN2为OFF	IN2

四、机器人控制程序的设计

根据控制要求，设计出机器人控制程序，并下载到本体。机器人的参考程序如下：

1. 机器人初始化子程序设计（仅供参考）

```
PROC DateInit（）
        ncount:=0;
        ncount1:=0;
        ncount2:=0;
        ncount3:=0;
        RESET DO10_1;
        RESET DO10_2;
        RESET DO10_3;
        RESET DO10_9;
```

```
        RESET DO10_10;

        RESET DO10_11;

        RESET DO10_12;

        RESET DO10_13;

        RESET DO10_14;

        RESET DO10_15;

ENDPROC
```

2. 机器人回原点子程序设计（仅供参考）

```
PROC rHome（）

        VAR Jointtarget joints;

        joints:=CJointT（）;

        joints.robax.rax_2:=-23;

        joints.robax.rax_3:=32;

        joints.robax.rax_4:=0;

        joints.robax.rax_5:=81;

        MoveAbsJ joints\NoEOffs,v40,z100,tool0;

        MoveJ Home,v100,z100,tool0;

        IF DI10_1=1 AND DI10_3=1 THEN

                TPWrite "Running: Stop!";

                Stop;

        ENDIF

        IF DI10_1=1 AND DI10_3=0 THEN

                placeGripper1;

        ENDIF

        IF DI10_3=1 AND DI10_1=0 THEN

        placeGripper3;

        ENDIF

        MoveJ Home,v200,z100,tool0;

        Set DO10_9;
```

```
        TPWrite "Running: Reset complete!";
ENDPROC
```

3. 机器人拾取吸盘夹具子程序设计（仅供参考）

```
PROC Gripper3（）
        MoveJ Offs(ppick1,0,0,50),v200,z60,tool0;
        Set DO10_1;
        MoveL Offs(ppick1,0,0,0),v20,fine,tool0;
        Reset DO10_1;
        WaitTime 1;
        MoveL Offs(ppick1,−3,−120,30),v50,z60,tool0;
        MoveL Offs(ppick1,−3,−120,260),v100,z60,tool0;
ENDPROC
```

4. 机器人车窗装配子程序设计（仅供参考）

```
PROC assembly（）
        MoveJ Offs(p26,ncount1*40,0,20),v100,z60,tool0;
        MoveL Offs(p26,ncount1*40,0,0),v100,fine,tool0;
        Set DO10_2;
        Set DO10_3;
        WaitTime 1;
        MoveL Offs(p26,ncount1*40,0,40),v100,z60,tool0;
        Set DO10_10;
        MoveJ p27,v100,z60,tool0;
        MoveJ Offs(p34,0,0,20),v100,z60,tool0;
        MoveL Offs(p34,0,0,0),v100,fine,tool0;
        Reset DO10_2;
        Reset DO10_3;
        WaitTime 1;
        MoveL Offs(p34,0,0,60),v100,z60,tool0;
        MoveJ Offs(p41,ncount1*40,0,20),v100,z60,tool0;
```

```
MoveL Offs(p41,ncount1*40,0,0),v100,fine,tool0;

Set DO10_2;

Set DO10_3;

WaitTime 1;

MoveL Offs(p41,ncount1*40,0,40),v100,z60,tool0;

Set DO10_10;

MoveJ p27,v100,z60,tool0;

MoveJ Offs(p48,0,0,20),v100,z60,tool0;

MoveL Offs(p48,0,0,0),v100,fine,tool0;

Reset DO10_2;

Reset DO10_3;

WaitTime 1;

MoveL Offs(p48,0,0,30),v100,z60,tool0;

MoveJ Home,v200,z100,tool0;

Set DO10_11;

ncount1:=ncount1+1;

    IF ncount1 > 2 THEN

        ncount1:=0;

        Set DO10_12;

    ENDIF

ENDPROC
```

5. 机器人放吸盘夹具子程序设计（仅供参考）

```
PROC placeGripper3（）

    MoveJ Offs(ppick1,-3,-120,220),v200,z100,tool0;

    MoveL Offs(ppick1,-3,-120,20),v100,z100,tool0;

    MoveL Offs(ppick1,0,0,0),v60,fine,tool0;

    Set DO10_1;

    WaitTime 1;

    MoveL Offs(ppick1,0,0,40),v30,z100,tool0;
```

```
MoveL Offs(ppick1,0,0,50),v60,z100,tool0;

Reset DO10_1;

Reset DO10_10;

Reset DO10_11;

Reset DO10_12;

IF DI10_12=0 THEN

        MoveJ Home,v200,z100,tool0;

ENDIF

ENDPRO
```

五、机器人示教点的示教

启动机器人，打开RobotStudio软件，学生可自行编程或者下载参考程序，程序下载完毕后，用示教器进行点的示教，示教的主要内容包括：

（1）原点示教。

（2）前风窗玻璃框路线点示教。

（3）后风窗玻璃框路线点示教。

六、系统的运行调试

系统的运行调试分为单机自动运行调试和联机自动运行调试。系统按钮操作面板如图3-5-4所示。

图3-5-4　系统按钮操作面板

1. 单机自动运行调试

（1）在确保接线无误后，松开"急停"按钮，按下"开"按钮，设备上电。

（2）将机器人控制器置于自动挡，调节机器人伺服速度（试运行需低速，正常运行可自行设定）。

（3）按下"单机"按钮，单击指示灯点亮（设备默认为单机状态），再按下"复位"按钮，设备复位，复位指示灯点亮。

（4）复位成功后按"启动"按钮，启动指示灯亮，复位指示灯灭，设备开始运行。

（5）在设备运行过程中随时按下"停止"按钮，停止指示灯亮，并且启动指示灯灭，设备停止运行。

（6）当设备运行过程中遇到紧急状况时，应迅速按下"急停"按钮，设备断电。

2. 联机自动运行调试

（1）确认通信线连接完好，在上电复位状态下，按下"联机"按钮，联机指示灯亮，单机指示灯灭，进入联网状态。

（2）确认上料涂胶单元物料和多工位涂装单元物料均按标识摆放。车窗玻璃布满托盘时的整体效果如图3-5-5所示。

图3-5-5　车窗玻璃布满托盘时的整体效果图

（3）各站置为联机状态，统一在上料涂胶单元执行"停止"—"复位"—"启动"等操作，设备正常启动后，按下"送料"按钮，整个系统开始联机运行。

（4）确认整个流程顺畅无误后，可自行提高机器人速度。

3. 故障查询表

本任务调试时的故障查询见表3-5-5。

表3-5-5　故障查询表（5）

故障现象	故障原因	解决方法
设备不能正常上电	电气件损坏	更换电气件
	线路接线脱落或错误	检查电路并重新接线
按钮指示灯不亮	接线错误	检查电路并重新接线
	程序错误	修改程序
	指示灯损坏	更换
PLC灯闪烁报警	程序出错	改进程序，重新写入
PLC提示"参数错误"	端口选择错误	选择正确的端口号和通信参数
	PLC出错	执行"PLC存储器清除"命令，直到灯灭为止
传感器对应的PLC输入点没输入	PLC与传感器接线错误	检查电缆并重新连接
	传感器损坏	更换传感器
	PLC输入点损坏	更换输入点
PLC输出点没有动作	接线错误	按正确的方法重新接线
	相应器件损坏	更换器件
	PLC输出点损坏	更换输出点
上电，机器人报警	机器人的安全信号没有连接	按照机器人接线图接线
机器人不能启动	机器人的运行程序未选择	在控制器的操作面板选择程序名（在第一次运行机器人时）
	机器人专用I/O没有设置	设置机器人专用I/O（在第一次运行机器人时）
	PLC的输出端没有输出	监控PLC程序
	PLC的输出端子损坏	更换其他端子
	线路错误或接触不良	检查电缆并重新连接
机器人启动就报警	原点数据没有设置	输入原点数据（在第一次运行机器人时）
机器人运动过程中报警	机器人从当前点到下一个点，不能直接移动过去	重新示教下一个点
	气缸节流阀锁死	松开节流阀
	机械结构卡死	调整结构件

任务考核

— ▢ ✕

对任务实施的完成情况进行检查，并将结果填入表3-5-6内。

表3-5-6　项目三任务五测评表

序号	主要内容	考核要求	评分标准	配分/分	扣分/分	得分/分
1	机器人装配车窗程序设计与调试；控制程序的设计和调试	列出PLC控制I/O（输入/输出）元件地址分配表，根据加工工艺，设计梯形图及PLC控制I/O（输入/输出）接线图	（1）输入/输出地址遗漏或错误，每处扣5分；（2）梯形图表达不正确或画法不规范，每处扣1分；（3）接线图表达不正确或画法不规范，每处扣2分	40		
		按PLC控制I/O（输入/输出）接线图在配线板上正确安装，安装要准确、紧固，配线导线要紧固、美观，导线要进线槽，导线要有端子标号	（1）损坏元件扣5分；（2）布线不进线槽、不美观，主电路、控制电路每根扣1分；（3）接点松动、露铜过长、反圈、压绝缘层，标记线号不清楚、遗漏或误标，引出端无别径压端子，每处扣1分；（4）损伤导线绝缘层或线芯，每根扣1分；（5）不按PLC控制I/O（输入/输出）接线图接线，每处扣5分	10		
		熟练、正确地将所编程序输入PLC；按照被控设备的动作要求进行模拟调试，达到设计要求	（1）不会熟练操作PLC键盘输入指令扣2分；（2）不会用删除、插入、修改、存盘等命令，每项扣2分；（3）仿真试车不成功扣30分	40		

（续表）

序号	主要内容	考核要求	评分标准	配分/分	扣分/分	得分/分
2	安全文明生产	劳动保护用品穿戴整齐；遵守操作规程；讲文明，懂礼貌；操作结束后要清理现场	（1）操作中，违反安全文明生产考核要求的任何一项扣5分，扣完为止； （2）当发现学生有重大事故隐患时，要立即予以制止，并每次扣5分	10		
合计				100		
开始时间：			结束时间：			

任务六 涂胶工作站的整机程序设计与调试

① 掌握工作站各单元的通信地址分配，能绘制各单元的PLC控制原理图。

② 掌握整个工作站的联机调试方法。

③ 能根据控制要求，完成涂胶工作站的整机程序设计与调试，并能解决程序运行过程中出现的常见问题。

任务描述

有一台多工位汽车车窗装配机构，能自动完成汽车车窗玻璃的涂胶及安装任务，现需要设计PLC和机器人控制程序并调试。

具体的控制要求如下：

（1）按下启动按钮，系统上电。

（2）按下联机按钮，机器人单元、上料单元、多工位单元均联机上电。

（3）按下开始按钮后，再按下送料单元送料按钮，系统自动运行。

①送料机构顺利把送料盘送入工作区；

②机器人收到料盘信号，先拾取胶枪夹具对第一工位车模进行前风窗玻璃框、后风窗玻璃框预涂胶，涂完后将夹具放回原位；

③更换吸盘夹具，吸取前风窗玻璃至涂胶位置，周边均匀涂胶后安装到车模上，继续重复安装后风窗玻璃，安装后放回吸盘夹具，最后回到原点；

④多工位转盘送第二车模进入安装位，发出到位信号，机器人重复上述操作，直到3台车模安装完毕，各站自动复位。

（4）机器人控制盘动作速度不能过快（≤40%）。

（5）按停止键，机器人动作停止。

（6）按复位键，自动复位到原点。

一、SMART PLC以太网通信设置

SMART PLC以太网通信设置参考项目二任务四"学习储备"的"SMART PLC的以太网通信设置"相关内容介绍。

二、上料涂胶单元的检查

检查上料涂胶单元的运行情况可参照图3-6-1所示的上料单元控制流程图。

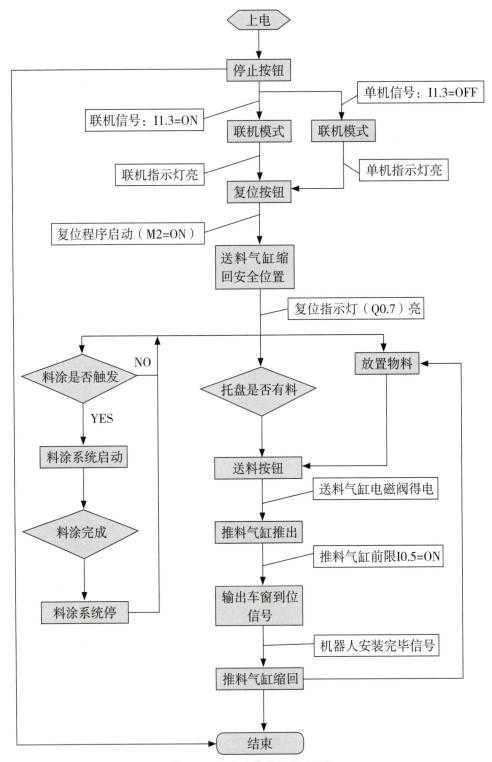

图3-6-1 上料单元控制流程图

三、多工位涂装单元的检查

检查多工位涂装单元的运行情况可参照图3-6-2——多工位单元控制流程图。

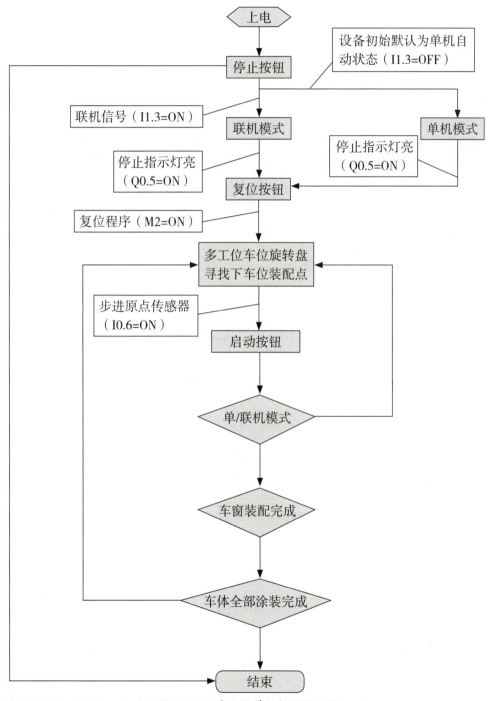

图3-6-2　多工位单元控制流程图

任务实施

一、工具设备准备

实施本任务教学所使用的实训工具及设备器材可参考表3-6-1。

表3-6-1　实训工具及设备器材

序号	分类	名称	型号规格	数量	单位
1	工具	电工常用工具	—	1	套
2		内六角扳手	3.0 mm	1	个
3		内六角扳手	4.0 mm	1	个
4	设备器材	ABB机器人	SX-CSET-JD08-05-34	1	套
5		多工位涂装模型	SX-CSET-JD08-05-32	1	套
6		胶枪治具组件	SX-CSET-JD08-05-12	1	套
7		上料涂胶模型	SX-CSET-JD08-05-31	1	套
8		按键吸盘组件	SX-CSET-JD08-05-11	1	套
9		夹具座组件	SX-CSET-JD08-05-15A	2	套
10		气源两联件组件	SX-CSET-JD08-05-16	1	套

二、机器人单元控制流程

根据任务要求，画出机器人单元控制流程图，见图3-6-3。

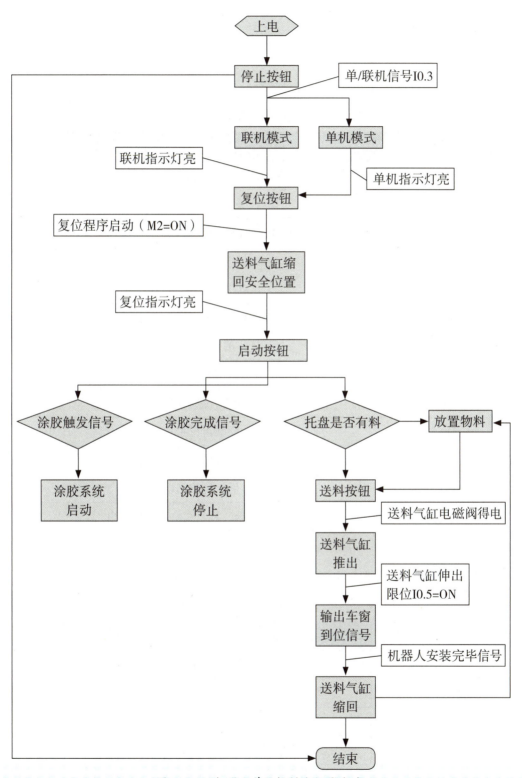

图3-6-3　机器人单元控制流程图（3）

三、I/O功能分配

1. 上料涂胶单元PLC的I/O功能分配

上料涂胶单元PLC的I/O功能分配见表3-6-2。

表3-6-2　上料涂胶单元PLC的I/O功能分配表

I/O地址	功能描述
I0.1	托盘底座检测有信号，I0.1闭合
I0.5	托盘气缸前限有信号，I0.5闭合
I0.6	托盘气缸后限有信号，I0.6闭合
I0.7	送料按钮按下，I0.7闭合
I1.0	启动按钮按下，I1.0闭合
I1.1	停止按钮按下，I1.1闭合
I1.2	复位按钮按下，I1.2闭合
I1.3	联机信号，I1.3闭合
Q0.3	Q0.3闭合，涂胶电磁阀启动
Q0.5	Q0.5闭合，面板运行指示灯（绿）点亮
Q0.6	Q0.6闭合，面板停止指示灯（红）点亮
Q0.7	Q0.7闭合，面板复位指示灯（黄）点亮
Q1.0	Q1.0闭合，托盘气缸电磁阀得电

2. 机器人与PLC对应I/O功能分配

根据控制要求，机器人单元PLC的I/O功能分配见表3-6-3。

表3-6-3　机器人单元PLC的I/O功能分配表

序号	PLC I/O地址	功能描述	对应机器人I/O
1	I0.0	按下面板启动按钮，I0.0闭合	无
2	I0.1	按下面板停止按钮，I0.1闭合	无
3	I0.2	按下面板复位按钮，I0.2闭合	无
4	I0.3	联机信号触发，I0.3闭合	无

（续表）

序号	PLC I/O地址	功能描述	对应机器人I/O
5	I1.2	自动模式，I1.2闭合	OUT4
6	I1.3	伺服运行中，I1.3闭合	OUT5
7	I1.4	程序运行，I1.4闭合	OUT6
8	I1.5	异常报警，I1.5闭合	OUT7
9	I1.6	机器人急停，I1.6闭合	OUT8
10	I1.7	机器人回到原点，I1.7闭合	OUT9
11	I2.0	物料到位，I2.0闭合	OUT10
12	I2.1	换车信号，I2.1闭合	OUT11
13	I2.2	换料信号，I2.2闭合	OUT12
14	I2.3	汽车全部涂装完成，I2.3闭合	OUT13
15	Q0.0	Q0.0闭合，机器人上电，电机ON	IN4
16	Q0.1	Q0.1闭合，电机运行	IN5
17	Q0.2	Q0.2闭合，主程序运行	IN6
18	Q0.3	Q0.3闭合，运行	IN7
19	Q0.4	Q0.4闭合，停止	IN8
20	Q0.5	Q0.5闭合，电机关闭	IN9
21	Q0.6	Q0.6闭合，机器人异常复位	IN10
22	Q0.7	Q0.7闭合，PLC复位信号	IN11
23	Q1.0	Q1.0闭合，面板运行指示灯（绿）点亮	无
24	Q1.1	Q1.1闭合，面板停止指示灯（红）点亮	无
25	Q1.2	Q1.2闭合，面板复位指示灯（黄）点亮	无
26	Q1.3	Q1.3闭合，动作开始	IN12
27	Q1.4	Q1.4闭合，汽车车窗到位信号	IN13
28	Q1.5	Q1.5闭合，汽车模型到位信号	IN14
29	无	OUT1为ON，工作A YV21电磁阀动作	OUT1

（续表）

序号	PLC I/O地址	功能描述	对应机器人I/O
30	无	OUT2为ON，工作B YV22电磁阀动作	OUT2
31	无	OUT3为ON，工作B YV23电磁阀动作	OUT3
32	无	夹具1到位，槽型光电传感器OFF，IN1为OFF	IN1
33	无	夹具2到位，槽型光电传感器OFF，IN2为OFF	IN2

3. 多工位涂装单元PLC的I/O功能分配

根据控制要求，多工位涂装单元PLC的I/O功能分配见表3-6-4。

表3-6-4　多工位涂装单元PLC的I/O功能分配表

PLC I/O地址	功能描述
I0.5	车位检测有信号，I0.5闭合
I1.4	分度盘原点有信号，I1.4闭合
I1.0	启动按钮按下，I1.0闭合
I1.1	停止按钮按下，I1.1闭合
I1.2	复位按钮按下，I1.2闭合
I1.3	联机信号，I1.3闭合
Q0.0	Q0.0闭合，步进驱动器得到脉冲信号，步进电机运行
Q0.2	Q0.2闭合，改变步进电机运行方向
Q0.5	Q0.5闭合，面板运行指示灯（绿）点亮
Q0.6	Q0.6闭合，面板停止指示灯（红）点亮
Q0.7	Q0.7闭合，面板复位指示灯（黄）点亮

4. 通信地址分配

（1）以太网网络通信地址分配表。

以太网网络通信地址分配见表3-6-5。

表3-6-5 以太网网络通信地址分配表（2）

序号	站名	IP地址	通信地址区域	备注
1	六轴机器人单元	192.168.0.111	MB10–MB11 MB20–MB21 MB25–MB26	
2	上料涂胶单元	192.168.0.112	MB10–MB11 MB20–MB21 MB15–MB16 MB25–MB26	以太网
3	多工位涂装单元	192.168.0.113	MB10–MB11 MB20–MB21 MB15–MB16 MB25–MB26	

（2）通信地址分配表。

通信地址分配见表3-6-6。

表3-6-6 通信地址分配表（2）

序号	功能定义	通信M点	发送PLC站号	接收PLC站号
1	机器人开始工作	M10.0	111#PLC发出	112、113接收
2	装配完成换车	M10.1	111#PLC发出	112、113接收
3	换车窗、换车体	M10.2	111#PLC发出	112、113接收
4	点胶	M10.3	111#PLC发出	112、113接收
5	启动按钮	M10.4	111#PLC发出	112、113接收
6	停止按钮	M10.5	111#PLC发出	112、113接收
7	复位按钮	M10.6	111#PLC发出	112、113接收
8	联机信号	M10.7	111#PLC发出	112、113接收
9	单元停止	M11.0	111#PLC发出	112、113接收
10	单元复位	M11.1	111#PLC发出	112、113接收
11	复位完成	M11.2	111#PLC发出	112、113接收
12	单元启动	M11.3	111#PLC发出	112、113接收
13	车窗玻璃就绪信号	M20.0	112#PLC发出	111接收

（续表）

序号	功能定义	通信M点	发送PLC站号	接收PLC站号
14	上料联机信号	M20.4	112#PLC发出	111接收
15	通信信号	M20.5	112#PLC发出	111接收
16	单元启动	M20.6	112#PLC发出	111接收
17	单元停止	M20.7	112#PLC发出	111接收
18	车体就绪信号	M25.0	113#PLC发出	111接收
19	多工位启动按钮	M25.1	113#PLC发出	111接收
20	多工位停止按钮	M25.2	113#PLC发出	111接收
21	多工位复位按钮	M25.3	113#PLC发出	111接收
22	多工位联机信号	M25.4	113#PLC发出	111接收

四、机器人控制程序的设计

根据控制要求，设计出机器人控制程序，并下载到本体。机器人的参考程序如下：

1. 机器人主程序设计（仅供参考）

```
PROC main（）
    DateInit;
    rHome;
    WHILE TRUE DO
        TPWrite "Wait Start.....";
        WHILE DI10_12=0 DO
        ENDWHILE
        TPWrite "Running: Start.";
        RESET DO10_9;
        Gripper1;
        precoating;
        placeGripper1;
```

```
        Gripper3;

        assembly;

        placeGripper3;

        ncount:=ncount+1;

        IF ncount > 5 THEN

            ncount:=0;

            ncount1:=0;

            ncount2:=0;

            ncount3:=0;

        ENDIF

    ENDWHILE

ENDPROC
```

2. 机器人初始化子程序设计（仅供参考）

```
PROC DateInit（ ）

        ncount:=0;

        ncount1:=0;

        ncount2:=0;

        ncount3:=0;

        RESET DO10_1;

        RESET DO10_2;

        RESET DO10_3;

        RESET DO10_9;

        RESET DO10_10;

        RESET DO10_11;

        RESET DO10_12;

        RESET DO10_13;

        RESET DO10_14;

        RESET DO10_15;

ENDPROC
```

3. 机器人回原点子程序设计（仅供参考）

```
PROC rHome（ ）
        VAR Jointtarget joints;
        joints:=CJointT（ ）;
        joints.robax.rax_2:=-23;
        joints.robax.rax_3:=32;
        joints.robax.rax_4:=0;
        joints.robax.rax_5:=81;
        MoveAbsJ joints\NoEOffs,v40,z100,tool0;
        MoveJ Home,v100,z100,tool0;
        IF DI10_1=1 AND DI10_3=1 THEN
            TPWrite "Running: Stop!";
            Stop;
        ENDIF
        IF DI10_1=1 AND DI10_3=0 THEN
            placeGripper1;
        ENDIF
        IF DI10_3=1 AND DI10_1=0 THEN
            placeGripper3;
        ENDIF
        MoveJ Home,v200,z100,tool0;
        Set DO10_9;
        TPWrite "Running: Reset complete!";
ENDPROC
```

4. 机器人预涂胶子程序设计（仅供参考）

```
PROC precoating（ ）
        MoveJ Home,v200,z100,tool0;
        MoveJ Offs(p10,0,0,20),v100,z60,tool0;
        MoveL Offs(p10,0,0,0),v100,fine,tool0;
```

Set DO10_2;

MoveJ p11,v100,z60,tool0;

MoveJ p12,v100,z60,tool0;

MoveJ p13,v100,z60,tool0;

MoveJ p14,v100,z60,tool0;

MoveJ p15,v100,z60,tool0;

MoveJ p10,v100,fine,tool0;

Reset DO10_2;

WaitTime 1;

MoveL Offs(p10,0,0,20),v100,z60,tool0;

MoveJ Offs(p20,0,0,20),v100,z60,tool0;

MoveL Offs(p20,0,0,0),v100,fine,tool0;

Set DO10_2;

MoveJ p21,v100,z60,tool0;

MoveJ p22,v100,z60,tool0;

MoveJ p23,v100,z60,tool0;

MoveJ p24,v100,z60,tool0;

MoveJ p25,v100,z60,tool0;

MoveJ p20,v100,fine,tool0;

Reset DO10_2;

WaitTime 1;

MoveL Offs(p20,0,0,50),v100,fine,tool0;

MoveJ Home,v200,z100,tool0;

ENDPROC

5. 机器人车窗涂胶装配子程序设计（仅供参考）

PROC assembly（）

MoveJ Offs(p26,ncount1*40,0,20),v100,z60,tool0;

MoveL Offs(p26,ncount1*40,0,0),v100,fine,tool0;

Set DO10_2;

```
Set DO10_3;

WaitTime 1;

MoveL Offs(p26,ncount1*40,0,40),v100,z60,tool0;

Set DO10_10;

MoveJ p27,v100,z60,tool0;

MoveJ Offs(p28,-50,0,0),v100,z60,tool0;

MoveL Offs(p28,0,0,0),v100,z60,tool0;

Reset DO10_10;

MoveJ p29,v100,z60,tool0;

MoveJ p30,v100,z60,tool0;

MoveJ p31,v100,z60,tool0;

MoveJ p32,v100,z60,tool0;

MoveJ p33,v100,z60,tool0;

MoveJ p28,v100,z60,tool0;

MoveL Offs(p28,-80,0,0),v100,z60,tool0;

MoveJ Home,v200,z100,tool0;

MoveJ Offs(p34,0,0,20),v100,z60,tool0;

MoveL Offs(p34,0,0,0),v100,fine,tool0;

Reset DO10_2;

Reset DO10_3;

WaitTime 1;

MoveL Offs(p34,0,0,60),v100,z60,tool0;

MoveJ Offs(p41,ncount1*40,0,20),v100,z60,tool0;

MoveL Offs(p41,ncount1*40,0,0),v100,fine,tool0;

Set DO10_2;

Set DO10_3;

WaitTime 1;

MoveL Offs(p41,ncount1*40,0,40),v100,z60,tool0;

Set DO10_10;
```

```
MoveJ p27,v100,z60,tool0;

MoveJ Offs(p42,−50,0,0),v100,z60,tool0;

MoveL Offs(p42,0,0,0),v100,z60,tool0;

Reset DO10_10;

MoveJ p43,v100,z60,tool0;

MoveJ p44,v100,z60,tool0;

MoveJ p45,v100,z60,tool0;

MoveJ p46,v100,z60,tool0;

MoveJ p47,v100,z60,tool0;

MoveJ p42,v100,z60,tool0;

MoveL Offs(p42,−80,0,0),v100,z60,tool0;

MoveJ Home,v200,z100,tool0;

MoveJ Offs(p48,0,0,20),v100,z60,tool0;

MoveL Offs(p48,0,0,0),v100,fine,tool0;

Reset DO10_2;

Reset DO10_3;

WaitTime 1;

MoveL Offs(p48,0,0,30),v100,z60,tool0;

MoveJ Home,v200,z100,tool0;

Set DO10_11;

ncount1:=ncount1+1;

        IF ncount1 > 2 THEN

                ncount1:=0;

                Set DO10_12;

        ENDIF

ENDPROC
```

6. 机器人取胶枪夹具子程序设计（仅供参考）

```
PROC Gripper1（）

MoveJ Offs(ppick,0,0,50),v200,z60,tool0;
```

```
        Set DO10_1;

        MoveL Offs(ppick,0,0,0),v40,fine,tool0;

        Reset DO10_1;

        WaitTime 1;

        MoveL Offs(ppick,−3,−120,20),v50,z100,tool0;

        MoveL Offs(ppick,−3,−120,150),v100,z60,tool0;
ENDPROC
```

7. 机器人放胶枪夹具子程序设计（仅供参考）

```
PROC placeGripper1（）

        MoveJ Offs(ppick,−2.5,−120,200),v200,z100,tool0;

        MoveL Offs(ppick,−2.5,−120,20),v100,z100,tool0;

        MoveL Offs(ppick,0,0,0),v40,fine,tool0;

        Set DO10_1;

        WaitTime 1;

        MoveL Offs(ppick,0,0,40),v30,z100,tool0;

        MoveL Offs(ppick,0,0,50),v60,z100,tool0;

        Reset DO10_1;
ENDPROC
```

8. 机器人拾取吸盘夹具子程序设计（仅供参考）

```
PROC Gripper3（）

        MoveJ Offs(ppick1,0,0,50),v200,z60,tool0;

        Set DO10_1;

        MoveL Offs(ppick1,0,0,0),v20,fine,tool0;

        Reset DO10_1;

        WaitTime 1;

        MoveL Offs(ppick1,−3,−120,30),v50,z60,tool0;

        MoveL Offs(ppick1,−3,−120,260),v100,z60,tool0;
ENDPROC
```

9. 机器人放吸盘夹具子程序设计（仅供参考）

```
PROC placeGripper3（）

        MoveJ Offs(ppick1,−3,−120,220),v200,z100,tool0;

        MoveL Offs(ppick1,−3,−120,20),v100,z100,tool0;

        MoveL Offs(ppick1,0,0,0),v60,fine,tool0;

        Set DO10_1;

        WaitTime 1;

        MoveL Offs(ppick1,0,0,40),v30,z100,tool0;

        MoveL Offs(ppick1,0,0,50),v60,z100,tool0;

        Reset DO10_1;

        Reset DO10_10;

        Reset DO10_11;

        Reset DO10_12;

        IF DI10_12=0 THEN

            MoveJ Home,v200,z100,tool0;

        ENDIF

ENDPRO
```

五、机器人点的示教

启动机器人，打开RobotStudio软件，学生可自行编程或者下载参考程序，程序下载完毕后，用示教器进行点的示教，所需示教点见表3-6-7。

示教的主要内容包括：

（1）原点示教。

（2）吸取玻璃片点示教。

（3）预涂胶点示教。

（4）安装点示教。

机器人参考程序点的位置如图3-6-4～图3-6-8所示。

表3-6-7　所需示教点（1）

序号	点序号	注释	备注
1	Home	机器人初始位置	程序中定义
2	Ppick	取涂胶夹具点	需示教
3	Ppick1	取吸盘夹具点	需示教
4	P10～P15	前窗预涂胶点	需示教
5	P20～P25	后窗预涂胶点	需示教
6	P26	取前窗点	需示教
7	P27	过渡点	需示教
8	P28～P33	前窗涂胶点	需示教
9	P34	前窗放置点	需示教
10	P41	取后窗点	需示教
11	P42～P47	后窗涂胶点	需示教
12	P48	后窗放置点	需示教

5	6
3	4
1　　P41	2　　P26

图3-6-4　车窗仓位示教点

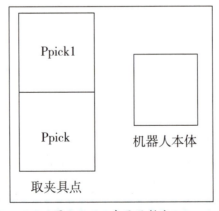

图3-6-5　夹具示教点

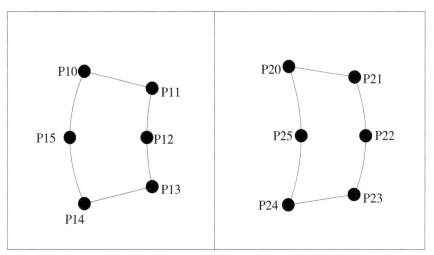

图3-6-6　车窗预涂胶示教点

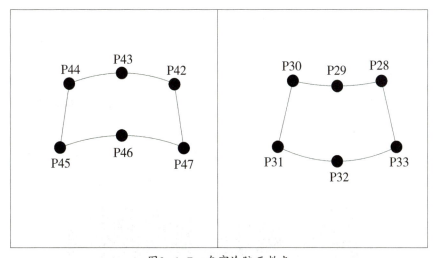

图3-6-7　车窗涂胶示教点

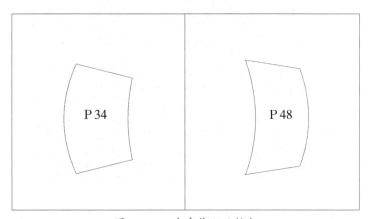

图3-6-8　车窗装配示教点

六、整机运行与调试

1. 上电前检查

（1）观察机构上各元件外表是否有明显移位、松动或损坏等现象，如果存在以上现象，及时调整、紧固或更换元件；还要观察输送带上是否放置了物料，如果未放置，则要及时放置物料。

（2）对照接口板端子分配表或接线图检查桌面和挂板接线是否正确，尤其要检查24 V电源，电气元件电源线等线路是否有短路、断路现象。

2. 硬件的调试

（1）接通气路，打开气源，手动按电磁阀，确认各气缸及传感器的初始状态。

（2）吸盘夹具的气管不能出现折痕，否则会导致吸盘不能吸取车窗。

（3）槽型光电传感器（EE-SX951）调节。各夹具安放到位后，槽型光电传感器无信号输出；安放有偏差时，槽型光电传感器有信号输出；调节槽型光电传感器位置，使偏差小于1.0 mm。

（4）节流阀的调节：打开气源，用小一字螺丝刀对气动电磁阀的测试旋钮进行操作，调节气缸上的节流阀使气缸动作顺畅、柔和。

（5）上电后按下"联机"按钮，联机指示灯亮，单机指示灯灭，进入联机状态，操作面板如图3-6-9所示，确认每站的通信线连接完好，并且都处在联机状态。

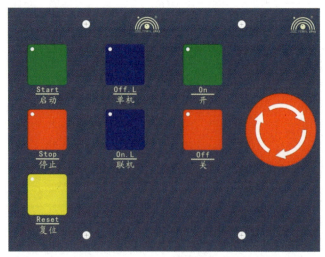

图3-6-9　操作面板

（6）先按下"停止"按钮，确保机器人在安全位置后再按下"复位"按钮，各单元回到初始状态。

（7）可观察到多工位涂装单元的步进旋转机构会旋转回到原点。

（8）复位完成后，检测各机构的物料是否按标签标识的要求放好；然后按下"启动"按钮，此时六轴机器人伺服处于ON状态，多工位涂装单元步进分度盘回到原点；最后按下"送料"按钮，系统进入联机自动运行状态。

①在设备运行过程中随时按下"停止"按钮，停止指示灯亮并且启动指示灯灭，设备停止运行。

②当设备运行过程中遇到紧急状况时，请迅速按下"急停"按钮，设备断电。

3. 调试故障查询

本任务调试时的故障查询见表3-6-8。

表3-6-8　故障查询表（6）

故障现象	故障原因	解决方法
设备不能正常上电	电气件损坏	更换电气件
	线路接线脱落或错误	检查电路并重新接线
按钮指示灯不亮	接线错误	检查电路并重新接线
	程序错误	修改程序
	指示灯损坏	更换
PLC灯闪烁报警	程序出错	改进程序，重新写入
PLC提示"参数错误"	端口选择错误	选择正确的端口号和通信参数
	PLC出错	执行"PLC存储器清除"命令，直到灯灭为止
传感器对应的PLC输入点没输入	PLC与传感器接线错误	检查电缆并重新连接
	传感器损坏	更换传感器
	PLC输入点损坏	更换输入点
PLC输出点没有动作	接线错误	按正确的方法重新接线
	相应器件损坏	更换器件
	PLC输出点损坏	更换输出点
上电，机器人报警	机器人的安全信号没有连接	按照机器人接线图接线

（续表）

故障现象	故障原因	解决方法
机器人不能启动	机器人的运行程序未选择	在控制器的操作面板选择程序名（在第一次运行机器人时）
	机器人专用I/O没有设置	设置机器人专用I/O（在第一次运行机器人时）
	PLC的输出端没有输出	监控PLC程序
	PLC的输出端子损坏	更换其他端子
	线路错误或接触不良	检查电缆并重新连接
机器人启动就报警	原点数据没有设置	输入原点数据（在第一次运行机器人时）
机器人运动过程中报警	机器人从当前点到下一个点，不能直接移动过去	重新示教下一个点
	气缸节流阀锁死	松开节流阀
	机械结构卡死	调整结构件

任务考核 　　　　　　　　　　　　 — □ ×

对任务实施的完成情况进行检查，并将结果填入表3-6-9内。

表3-6-9　项目三任务六测评表

序号	主要内容	考核要求	评分标准	配分/分	扣分/分	得分/分
1	工作站程序的设计和调试	机器人程序的设计	（1）输入/输出地址遗漏或错误，每处扣5分； （2）梯形图表达不正确或画法不规范，每处扣1分； （3）接线图表达不正确或画法不规范，每处扣2分	40		

（续表）

序号	主要内容	考核要求	评分标准	配分/分	扣分/分	得分/分
1	工作站程序的设计和调试	按PLC控制I/O（输入/输出）接线图在配线板上正确安装，安装要准确、紧固，配线导线要紧固、美观，导线要进线槽，导线要有端子标号	（1）损坏元件扣5分； （2）布线不进线槽、不美观，主电路、控制电路每根扣1分； （3）接点松动、露铜过长、反圈、压绝缘层，标记线号不清楚、遗漏或误标，引出端无别径压端子，每处扣1分； （4）损伤导线绝缘层或线芯，每根扣1分； （5）不按PLC控制I/O（输入/输出）接线图接线，每处扣5分	10		
		熟练、正确地将所编程序输入PLC；按照被控设备的动作要求进行模拟调试，达到设计要求	（1）不会熟练操作PLC键盘输入指令扣2分； （2）不会用删除、插入、修改、存盘等命令，每项扣2分； （3）仿真试车不成功扣30分	40		
2	安全文明生产	劳动保护用品穿戴整齐；遵守操作规程；讲文明，懂礼貌；操作结束后要清理现场	（1）操作中，违反安全文明生产考核要求的任何一项扣5分，扣完为止； （2）当发现学生有重大事故隐患时，要立即予以制止，并每次扣5分	10		
合计				100		
开始时间：			结束时间：			

项目四
机器人在装配工作站中的应用与调试

项目导入

　　装配机器人是为完成装配作业而设计的工业机器人，根据特定装配工序完成产品的一个或多个零部件装配，装配精度高、效率高、一致性程度高，具有人工装配不可比拟的优势，是工业机器人应用中适用范围比较广的产品之一。本项目共有六个任务，分别为：

　　　　任务一　认识装配机器人工作站

　　　　任务二　上料整列单元的组装、程序设计与调试

　　　　任务三　手机加盖单元的组装、程序设计与调试

　　　　任务四　机器人装配手机按键的程序设计与调试

　　　　任务五　机器人装配手机盖的程序设计与调试

　　　　任务六　装配工作站的整机程序设计与调试

　　通过该项目的学习，读者能够掌握装配机器人作业示教的基本要领和注意事项，进一步掌握装配机器人应用的编程与调试能力，掌握机器人日常维护及常见故障处理能力。

任务一 认识装配机器人工作站

学习目标

1. 了解装配机器人的特点及分类。
2. 能够识别装配机器人工作站的基本构成。
3. 会正确操作工业机器人手机装配模拟工作站。

任务描述

随着高新技术的不断发展，影响生产制造的瓶颈日益凸显。为解放生产力、提高生产率、解决"用工荒"问题以更好地谋求发展，各大生产制造企业不断创新。装配机器人的出现，可大幅度提高生产效率、保证装配精度、减轻劳作者生产强度，而目前装配机器人在工业机器人应用领域中的占有量相对较少，其主要原因是装配机器人本体要比搬运、涂装、焊接机器人本体复杂，且机器人装配技术目前仍存在一些有待解决的问题，如缺乏感知和自适应控制能力，难以完成变化环境中的复杂装配等。尽管装配机器人存在一定局限性，但是其对装配的重要意义不可忽视，装配领域成为机器人的难点，也成为未来机器人技术发展的焦点之一。

通过本任务的学习，掌握装配机器人的特点、分类、基本系统组成和典型周边设备，并能掌握装配机器人作业示教的基本要领和注意事项，了解工业机器人装配工作站的工作过程。图4-1-1所示是工业机器人装配工作站。

图4-1-1　工业机器人装配工作站

一、装配机器人的特点及分类

1. 装配机器人的特点

装配机器人是工业生产中用于装配生产线上对零件或部件进行装配的一类工业机器人。作为柔性自动化装配的核心设备，其具有精度高、工作稳定、柔顺性好、动作迅速等优点。装配机器人的主要优点如下：

（1）操作速度快，加速性能好，缩短工作循环时间。

（2）精度高，具有极高的重复定位精度，保证装配精度。

（3）提高生产效率，摆脱单一繁重体力劳动方式。

（4）改善工人劳作条件，摆脱有毒、有辐射装配环境。

（5）可靠性高、适应性强、稳定性好。

2. 装配机器人的分类

装配机器人在不同装配生产线上发挥着强大的装配作用，装配机器人大多由

4～6轴组成，目前市场上常见的装配机器人，按臂部运动形式可分为直角式装配机器人和关节式装配机器人。其中关节式装配机器人又可分为水平串联关节式装配机器人、垂直串联关节式装配机器人和并联关节式装配机器人，如图4-1-2所示。

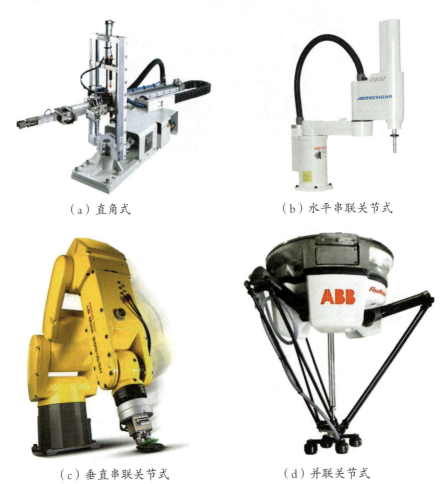

（a）直角式　　　　　　　　　　（b）水平串联关节式

（c）垂直串联关节式　　　　　　（d）并联关节式

图4-1-2　装配机器人

（1）直角式装配机器人。

　　直角式装配机器人又称单轴机械手，以X-Y-Z直角坐标系统为基本教学模型，整体结构模块化设计。直角式是目前工业机器人中最简单的一类，具有操作、编程简单等优点，可用于零部件移送、简单插入、旋拧等作业，机构上多装备球形螺钉和伺服电动机，具有速度快、精度高等特点，装配机器人多为龙门式和悬臂式（可参考搬运机器人相应部分）。直角式装配机器人现已广泛应用于节能灯装配、电子类产品装配和液晶屏装配等场合，如图4-1-3所示。

图4-1-3 直角式装配机器人装配缸体

（2）关节式装配机器人。

关节式装配机器人是目前装配生产线上应用最广泛的一类机器人，具有结构紧凑、占地空间小、相对工作空间大、自由度高，适合几乎任何轨迹或角度工作，编程自由，动作灵活，易实现自动化生产等特点。

①水平串联关节式装配机器人。其也被称为平面关节型装配机器人或SCARA机器人，是目前装配生产线上应用数量最多的一类装配机器人，它属于精密型装配机器人，具有速度快、精度高、柔性好等特点，驱动多为交流伺服电动机，保证其较高的重复定位精度，可广泛应用于电子、机械和轻工业等产品的装配，能够满足工厂柔性化生产需求，如图4-1-4所示。

图4-1-4 水平串联关节式装配机器人拾放超薄硅晶片

②垂直串联关节式装配机器人。垂直串联关节式装配机器人多为6个自由度，可在空间确定任意位置，能在三维空间进行任意位置和任意姿势的作业。图4-1-5所示是采用FAUNC LR Mate200iC垂直串联关节式装配机器人进行摩托车零部件装配作业

的场景。

图4-1-5　垂直串联关节式装配机器人进行摩托车零部件的装配

③并联关节式装配机器人。其也被称为拳头机器人、蜘蛛机器人或Delta机器人，是一种轻型、结构紧凑的高速装配机器人，可安装在任意倾斜角度上，其独特的并联机构可实现快速、敏捷动作，且减少了非积累定位误差。目前在装配领域，并联关节式装配机器人有两种形式可供选择，即三轴手腕（合计六轴）和一轴手腕（合计四轴），具有小巧、高效、安装方便、灵敏度高等优点，广泛应用于IT、电子装配等领域。图4-1-6所示是采用两套FAUNC M-1iA并联关节式装配机器人进行键盘装配作业的场景。

图4-1-6　并联关节式装配机器人组装键盘

装配机器人本体通常与搬运、焊接、涂装机器人本体在精度制造上有一定的差别，原因在于机器人在完成焊接、涂装作业时，没有与作业对象接触，只需示教机器人运动轨迹即可，而装配机器人需与作业对象直接接触，并进行相应动作；搬运、码垛机器人在移动物料时运动轨迹多具有开放性，而装配作业是一种约束运动类操作，即装配机器人精度要高于搬运、码垛、焊接和涂装机器人。在实际应用中，无论是直角式装配机器人还是关节式装配机器人，都有如下特性：

（1）能够实时调节生产节拍和末端执行器动作状态。

（2）可更换不同末端执行器以适应装配任务的变化，方便、快捷。

（3）能够与零件供给器、输送装置等辅助设备集成，实现柔性化生产。

（4）多带传感器，如视觉传感器、触觉传感器、力传感器等，以保证装配任务的精确性。

二、工业机器人手机装配工作站

工业机器人手机装配工作站主要是通过机器人完成对手机模型进行按键装配、加盖装配并搬运入仓的过程。具体工作过程是设备"启动"后，安全送料机构将需要装配的手机按键送入装配区，手机底座被推送到装配平台，由机器人完成按键装配，同时手机盖上料机构把手机盖推送到拾取工位，机器人拾取手机盖对手机进行加盖并搬运入仓。工业机器人手机装配工作站及其组成部件如图4-1-7所示。

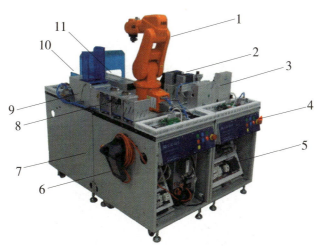

1—六轴机器人；2—成品存储仓；3—手机盖上料机构；4—操作控制面板；

5—电气控制挂板；6—机器人示教器；7—模型桌体；8—机器人夹具组；

9—手机底座上料机构；10—按键储料台；11—安全送料机构

图4-1-7 工业机器人手机装配工作站结构图

1. 六轴机器人单元

六轴机器人单元采用实际工业应用的ABB六轴控制机器人，配置规格为本体IRB-120，有效负载3 kg，臂展0.58 m，配套工业控制器，由钣金制成机器人固定架，牢固稳定；配置多个机器人夹具摆放工位，带有自动快换功能，灵活多用，桌体配重，保证机器人高速运动时不出现摇晃现象，如图4-1-8所示。

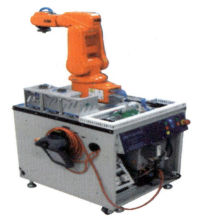

图4-1-8　六轴机器人单元

2. 上料整列单元

上料整列单元主要负责将按键托盘及手机底座送入工作区，保证机器人工作的连续性，如图4-1-9所示。

图4-1-9　上料整列单元

3. 手机加盖单元

手机加盖单元负责手机盖的上料及装配完的手机存储，步进电机驱动升降台供料，定位精准，如图4-1-10所示。

图4-1-10　手机加盖单元

4. 机器人末端执行器

六轴机器人的末端执行器主要配有平行夹具和双吸盘夹具。其中平行夹具辅助机器人完成物料的夹取与搬运，如图4-1-11（a）所示；双吸盘夹具辅助机器人完成单个物料或两个物料的拾取与搬运，如图4-1-11（b）所示。

（a）平行夹具　　　　　　　　（b）双吸盘夹具

图4-1-11　六轴机器人末端执行器

一、工具设备准备

实施本任务教学所使用的实训工具及设备器材可参考表4-1-1。

表4-1-1 实训工具及设备器材

序号	分类	名称	型号规格	数量	单位
1	工具	电工常用工具	—	1	套
2		内六角扳手	3.0 mm	1	个
3		内六角扳手	4.0 mm	1	个
4	设备器材	ABB机器人	SX-CSET-JD08-05-34	1	套
5		上料整列模型	SX-CSET-JD08-05-26	1	套
6		加盖模型	SX-CSET-JD08-05-28	1	套
7		三爪夹具组件	SX-CSET-JD08-05-10	1	套
8		按键吸盘组件	SX-CSET-JD08-05-11	1	套
9		夹具座组件	SX-CSET-JD08-05-15A	2	套
10		气源两联件组件	SX-CSET-JD08-05-16	1	套

二、观看装配机器人在工厂自动化生产线中的应用视频

记录装配机器人的品牌及型号，并查阅相关资料，了解装配机器人在实际生产中的应用。

机器人手机装配生产线视频

三、认识工业机器人手机装配模拟工作站

在教师的指导下，通过操纵工业机器人手机装配模拟工作站，了解其工作过程。

任务考核

对任务实施的完成情况进行检查，并将结果填入表4-1-2内。

表4-1-2　项目四任务一测评表

序号	主要内容	考核要求	评分标准	配分/分	扣分/分	得分/分
1	观看视频	正确记录机器人的品牌及型号，正确描述主要技术指标及特点	（1）记录机器人的品牌、型号有错误或遗漏，每处扣2分； （2）描述主要技术指标及特点有错误或遗漏，每处扣2分	20		
2	工业机器人手机装配模拟工作站的操作	能正确操作工业机器人手机装配模拟工作站	（1）不能正确操作工业机器人手机装配模拟工作站，扣30分； （2）不能正确说出工业机器人手机装配模拟工作站的工作过程，扣30分	70		
3	安全文明生产	劳动保护用品穿戴整齐；遵守操作规程；讲文明，懂礼貌；操作结束后要清理现场	（1）操作中，违反安全文明生产考核要求的任何一项扣5分，扣完为止； （2）当发现学生有重大事故隐患时，要立即予以制止，并每次扣5分	10		
合计				100		
开始时间：			结束时间：			

任务二 上料整列单元的组装、程序设计与调试

① 掌握上料整列单元的组成及安装方法。

② 能根据装配要求，独立完成上料整列单元的组装。

③ 能够参照接线图完成单元桌面电气元件的安装与接线。

④ 能够完成气缸与电机部分的接线。

⑤ 能够利用给定测试程序进行通电测试。

任务描述

    有一台工业机器人手机装配模拟工作站由上料整列单元、六轴机器人单元、手机加盖单元等三个单元组合而成。各单元间预留了扩展与升级的接口，根据市场需求不断地进行开发升级或由用户自行设计新的功能单元。由于急需使用该设备，现需要对该工作站的上料整列单元进行组装、程序设计及调试工作，并交有关人员验收，要求安装完成后可按功能要求正常运转。

学习储备

一、上料整列单元的组成

    上料整列单元是工业机器人手机装配模拟工作站的重要组成部分，它的主要作用是将按键托盘及手机底座送入工作区，保证机器人工作的连续性。它主要由安全储料台、手机底座上料机构、安全送料机构、单元桌面电气元件、上料整列单元控制面板、上料整列单元电气挂板和单元桌体组成，其外形如图4-2-1所示。

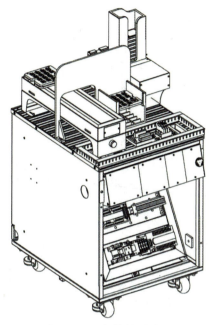

图4-2-1　上料整列单元

1. 安全储料台

安全储料台主要由手机键储料盒、安全挡板、挡板支脚及螺钉等配件组成，其外形图如图4-2-2所示。

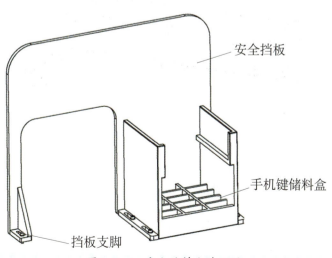

安全挡板

手机键储料盒

挡板支脚

图4-2-2　安全储料台外形图

2. 手机底座上料机构

手机底座上料机构主要由手机底座出料台、上料盒、放置台、手机底座等部件组成，如图4-2-3所示。

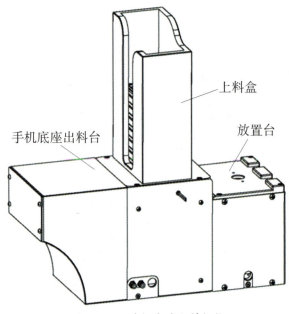

图4-2-3　手机底座上料机构

3. 安全送料机构

安全送料机构的外形图如图4-2-4所示。

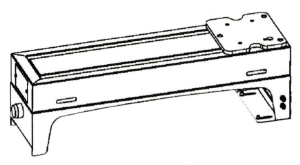

图4-2-4　安全送料机构

二、光纤传感器的工作原理

光纤传感器的工作原理参考项目三任务二"学习储备"中的"光纤传感器"相关内容介绍。

三、磁性开关

磁性开关参考项目三任务二"学习储备"中的"磁性开头"相关内容介绍。

四、无杆气缸

无杆气缸参考项目三任务二"学习储备"中的"无杆气缸"相关内容介绍。

一、工具设备准备

实施本任务教学所使用的实训工具及设备器材可参考表4-2-1。

表4-2-1 实训工具及设备器材

序号	分类	名称	型号规格	数量	单位
1	工具	电工常用工具	—	1	套
2		内六角扳手	3.0 mm	1	个
3		内六角扳手	4.0 mm	1	个
4	设备器材	ABB机器人	SX-CSET-JD08-05-34	1	套
5		上料整列模型	SX-CSET-JD08-05-26	1	套
6		加盖模型	SX-CSET-JD08-05-28	1	套
7		三爪夹具组件	SX-CSET-JD08-05-10	1	套
8		按键吸盘组件	SX-CSET-JD08-05-11	1	套
9		夹具座组件	SX-CSET-JD08-05-15A	2	套
10		气源两联件组件	SX-CSET-JD08-05-16	1	套
11		模型桌体A	SX-CSET-JD08-05-41	1	套
12		模型桌体B	SX-CSET-JD08-05-42	1	套
13		电脑桌	SX-815Q-21	2	套

（续表）

序号	分类	名称	型号规格	数量	单位
14	设备器材	电脑	自定	2	套
15		无油空压机	静音	1	台
16		资料光盘	—	1	张
17		说明书	—	1	本

二、在单元桌体上完成上料整列单元的组装

1. 安全储料台的安装

（1）手机装配实训任务存储箱如图4-2-5所示，使用时需要取出组装。

（2）存储箱内的模型分两层存储，每层有独立托盘，托盘两侧装有提手，方便拿出托盘，如图4-2-6所示。

图4-2-5　手机装配实训任务存储箱

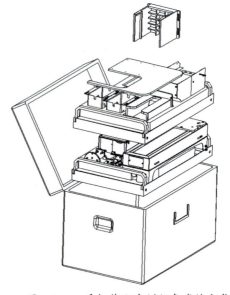

图4-2-6　手机装配实训任务存储方式

（3）从手机装配实训任务存储箱中取出手机键储料盒、安全挡板、挡板支脚及螺钉等配件，按图4-2-7所示的组装图进行组装。

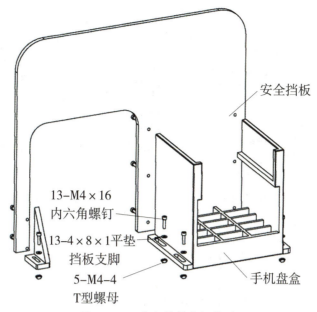

安全挡板

13-M4×16
内六角螺钉

13-4×8×1平垫
挡板支脚

5-M4-4
T型螺母

手机盘盒

图4-2-7　安全储料台组装图

（4）安装好的安全储料台如图4-2-8所示。

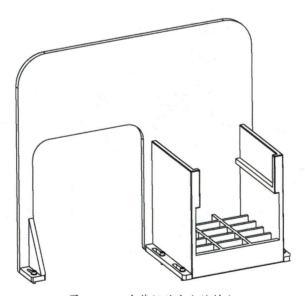

图4-2-8　安装好的安全储料台

2. 手机底座上料机构的装配

（1）准备好底座出料台、上料盒和放置台，如图4-2-9所示。

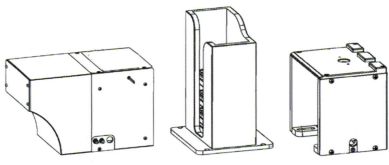

图4-2-9　手机底座上料机构组装件

（2）按照图4-2-10所示的安装图进行手机底座上料机构的装配。应注意，上料盒有开口一侧面向推料边。

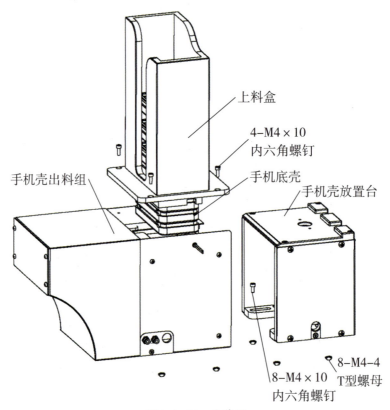

图4-2-10　安装图

（3）组装好的手机底座上料机构如图4-2-11所示。

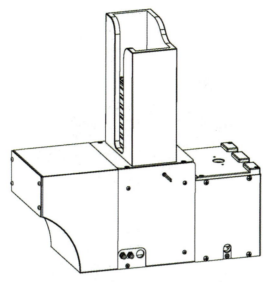

图4-2-11 组装好的手机底座上料机构

3. 上料整列单元的安装

（1）首先把安全送料机构安装到桌体，如图4-2-12所示。

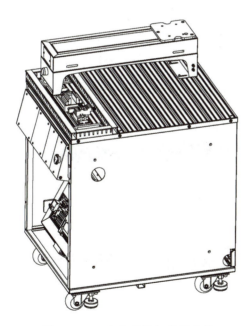

图4-2-12 安全送料机构的安装

（2）按图4-2-13所示的布局，将前面组装好的手机底座上料机构及安全储料台固定在桌面上。

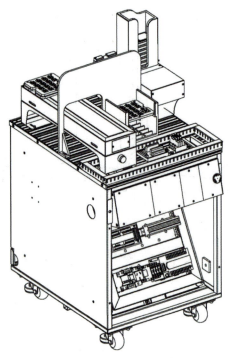

图4-2-13　安装好的上料整列单元

（3）对照电气原理图及I/O分配表把信号线接插头对接好，安装方式如图4-2-14所示；光纤头直接插入对应的光纤放大器；使用ϕ4 mm气管把安全送料机构与桌面对应电磁阀出口接头连接插紧。

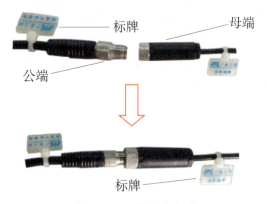

图4-2-14　接插线连接

三、上料整列单元功能框图

根据控制要求，画出上料整列单元功能框图，见图4-2-15。

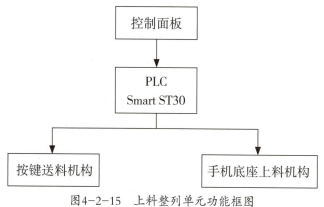

图4-2-15　上料整列单元功能框图

四、上料整列单元的设计

1. I/O功能分配

上料整列单元PLC的I/O功能分配见表4-2-2。

表4-2-2　上料整列单元PLC的I/O功能分配表

I/O地址	功能描述
I0.0	基座到位检测传感器感应，I0.0闭合
I0.1	托盘底座检测传感器感应，I0.1闭合
I0.2	基座仓检测传感器感应，I0.2闭合
I0.3	机座气缸前限位感应，I0.3闭合
I0.4	机座气缸后限位感应，I0.4闭合
I0.5	托盘气缸前限位感应，I0.5闭合
I0.6	托盘气缸后限位感应，I0.6闭合
I0.7	按下托盘送料按钮，I0.7闭合
I1.0	按下启动按钮，I1.0闭合
I1.1	按下停止按钮，I1.1闭合
I1.2	按下复位按钮，I1.2闭合
I1.3	联机信号触发，I1.3闭合
Q0.4	Q0.4闭合，机座气缸电磁阀得电
Q0.5	Q0.5闭合，启动指示灯亮

（续表）

I/O地址	功能描述
Q0.6	Q0.6闭合，停止指示灯亮
Q0.7	Q0.7闭合，复位指示灯亮
Q1.0	Q1.0闭合，托盘气缸电磁阀得电

2. 上料整列单元桌面接口板端子分配

上料整列单元桌面接口板端子分配见表4-2-3。

表4-2-3　上料整列单元桌面接口板端子分配表

桌面接口板地址	线号	功能描述
1	基座到位检测（I0.0）	基座到位检测传感器信号线
2	托盘底座检测（I0.1）	托盘底座检测传感器信号线
3	基座仓检测（I0.2）	基座仓检测传感器信号线
4	机座气缸前限位（I0.3）	机座气缸前限位磁性开关信号线
5	机座气缸后限位（I0.4）	机座气缸后限位磁性开关信号线
6	托盘气缸前限位（I0.5）	托盘气缸前限位磁性开关信号线
7	托盘气缸后限位（I0.6）	托盘气缸后限位磁性开关信号线
8	托盘送料按钮（I0.7）	托盘送料按钮信号线
24	机座气缸电磁阀（Q0.4）	机座气缸电磁阀信号线
25	托盘气缸电磁阀（Q1.0）	托盘气缸电磁阀信号线
38	基座到位检测+	基座到位检测传感器电源线+
39	托盘底座检测+	托盘底座检测传感器电源线+
40	基座仓检测+	基座仓检测传感器电源线+
46	基座到位检测−	基座到位检测传感器电源线−
47	托盘底座检测−	托盘底座检测传感器电源线−
48	基座仓检测−	基座仓检测传感器电源线−
49	机座气缸前限位−	机座气缸前限位磁性开关电源线−
50	机座气缸后限位−	机座气缸后限位磁性开关电源线−

（续表）

桌面接口板地址	线号	功能描述
51	托盘气缸前限位–	托盘气缸前限位磁性开关电源线–
52	托盘气缸后限位–	托盘气缸后限位磁性开关电源线–
53	托盘送料按钮–	托盘送料按钮电源线–
66	机座气缸电磁阀–	机座气缸电磁阀电源线–
67	托盘气缸电磁阀–	托盘气缸电磁阀电源线–
63	PS39+	提供24 V电源+
64	PS3–	提供24 V电源–

3. 上料整列单元挂板接口板端子分配

上料整列单元挂板接口板端子分配见表4–2–4。

表4-2-4　上料整列单元挂板接口板端子分配表

挂板接口板地址	线号	功能描述
1	I0.0	基座到位检测
2	I0.1	托盘底座检测
3	I0.2	基座仓检测
4	I0.3	机座气缸前限位
5	I0.4	机座气缸后限位
6	I0.5	托盘气缸前限位
7	I0.6	托盘气缸后限位
8	I0.7	托盘送料按钮
24	Q0.4	机座气缸电磁阀
25	Q1.0	托盘气缸电磁阀
A	PS3+	继电器常开触点（KA31：6）
B	PS3–	直流电源24 V–进线
C	PS32+	继电器常开触点（KA31：5）
D	PS33+	继电器触点（KA31：9）

（续表）

挂板接口板地址	线号	功能描述
E	I1.0	启动按钮
F	I1.1	停止按钮
G	I1.2	复位按钮
H	I1.3	联机信号
I	Q0.5	启动指示灯
J	Q0.6	停止指示灯
K	Q0.7	复位指示灯
L	PS39+	直流24 V+

五、PLC控制线路

PLC控制线路连接如图4-2-16所示。

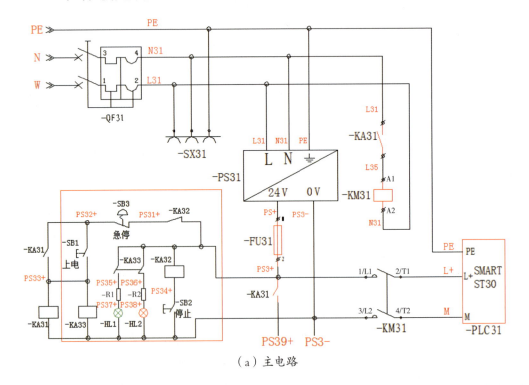

（a）主电路

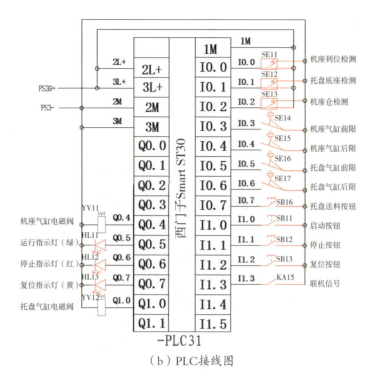

（b）PLC接线图

图4-2-16　接线图（1）

六、线路安装

1. PLC各端子接线

按照图4-2-16所示的接线图，进行主电路和PLC控制线路的安装。元件安装及布线应符合工艺要求，布线时严禁损伤线芯和导线绝缘层，导线与接线端子或接线桩连接时，不得压绝缘层，不反圈及不露铜过长。如图4-2-17所示。

图4-2-17　PLC接线实物图

2. 挂板接口板端子接线

按照表4-2-4挂板接口板端子分配表和图4-2-16所示的接线图，进行挂板接口板端子的接线。元件安装及布线应符合工艺要求，布线时严禁损伤线芯和导线绝缘层，导线与接线端子或接线桩连接时，不得压绝缘层，不反圈及不露铜过长。如图4-2-18所示。

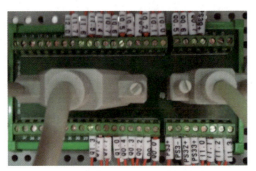

图4-2-18 挂板接口板端子接线实物图

3. 桌面接口板端子接线

按照表4-2-3桌面接口板端子分配表和图4-2-16所示的接线图，进行桌面接口板端子的接线。元件安装及布线应符合工艺要求，布线时严禁损伤线芯和导线绝缘层，导线与接线端子或接线桩连接时，不得压绝缘层，不反圈及不露铜过长。如图4-2-19所示。

图4-2-19 桌面接口板端子接线实物图

七、PLC程序设计

根据控制要求，可设计出上料整列单元的控制程序，如图4-2-20所示。

停止

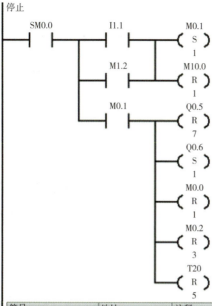

符号	地址	注释
Always_On	SM0.0	始终接通
CPU_输出5	Q0.5	启动指示灯
CPU_输出6	Q0.6	停止指示灯
CPU_输入9	I1.1	停止按钮
M00	M00	启动程序
M01	M01	停止程序
M02	M02	复位程序
M100	M10.0	按键到位、手机模型到位
M12	M1.2	联机停止

复位

符号	地址	注释
Clock_1s	SM0.5	针对1s的周期时间，时钟脉冲接通0.5s，断开0.5s
CPU_输出4	Q0.4	机座气缸电磁阀
CPU_输出7	Q0.7	复位指示灯
CPU_输出8	Q1.0	按键气缸电磁阀
CPU_输入0	I0.0	推料到位检测
CPU_输入4	I0.4	机座气缸缩回限位
CPU_输入6	I0.6	按键气缸缩回限位
M02	M0.2	复位程序
M04	M0.4	复位完成信号

（a）上料整列单元的控制程序①

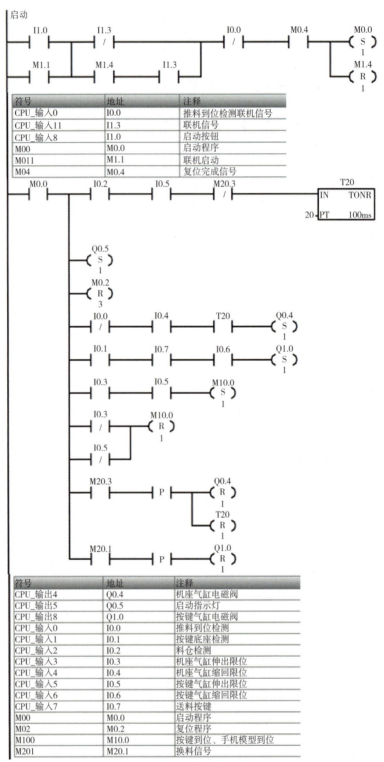

（b）上料整列单元的控制程序②

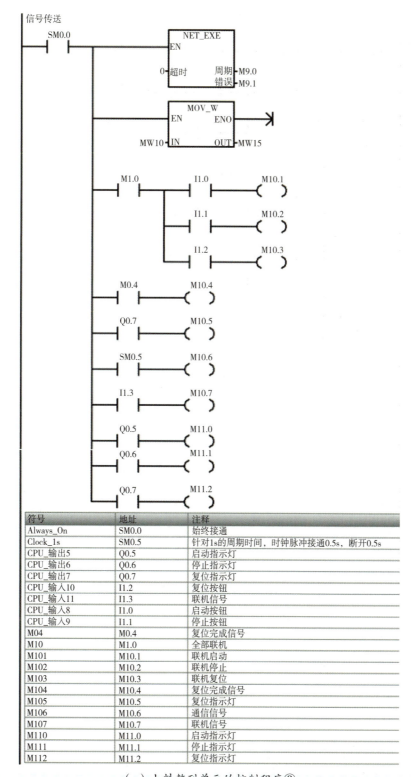

符号	地址	注释
Always_On	SM0.0	始终接通
Clock_1s	SM0.5	针对1s的周期时间，时钟脉冲接通0.5s，断开0.5s
CPU_输出5	Q0.5	启动指示灯
CPU_输出6	Q0.6	停止指示灯
CPU_输出7	Q0.7	复位指示灯
CPU_输入10	I1.2	复位按钮
CPU_输入11	I1.3	联机信号
CPU_输入8	I1.0	启动按钮
CPU_输入9	I1.1	停止按钮
M04	M0.4	复位完成信号
M10	M1.0	全部联机
M101	M10.1	联机启动
M102	M10.2	联机停止
M103	M10.3	联机复位
M104	M10.4	复位完成信号
M105	M10.5	复位指示灯
M106	M10.6	通信信号
M107	M10.7	联机信号
M110	M11.0	启动指示灯
M111	M11.1	停止指示灯
M112	M11.2	复位指示灯

（c）上料整列单元的控制程序③

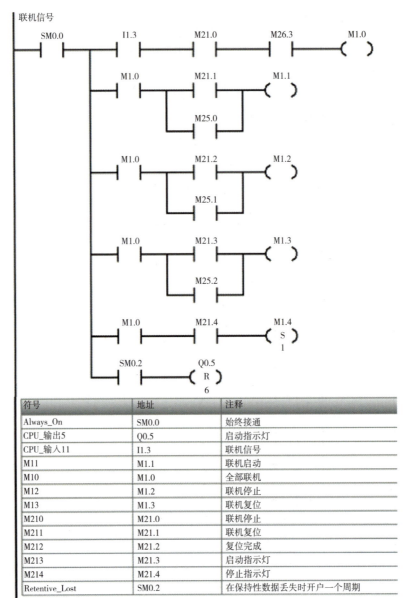

符号	地址	注释
Always_On	SM0.0	始终接通
CPU_输出5	Q0.5	启动指示灯
CPU_输入11	I1.3	联机信号
M11	M1.1	联机启动
M10	M1.0	全部联机
M12	M1.2	联机停止
M13	M1.3	联机复位
M210	M21.0	联机停止
M211	M21.1	联机复位
M212	M21.2	复位完成
M213	M21.3	启动指示灯
M214	M21.4	停止指示灯
Retentive_Lost	SM0.2	在保持性数据丢失时开户一个周期

（d）上料整列单元的控制程序④

图4-2-20 上料整列单元参考控制程序

八、系统调试与运行

1. 上电前检查

（1）观察机构上各元件外表是否有明显移位、松动或损坏等现象。如果存在以上现象，应及时调整、紧固或更换元件。

（2）对照接口板端子分配表或接线图检查桌面和挂板接线是否正确，尤其要检查24 V电源，电气元件电源线等线路是否有短路、断路现象。

注意：设备初次组装调试时，必须认真检查线路是否正确，接线错误容易造成设备元件损坏。

（3）接通气路，打开气源，检查气压为0.3～0.6 MPa，按下电磁阀手动按钮，确认各气缸及传感器的原始状态。气路连接如图4-2-21所示。

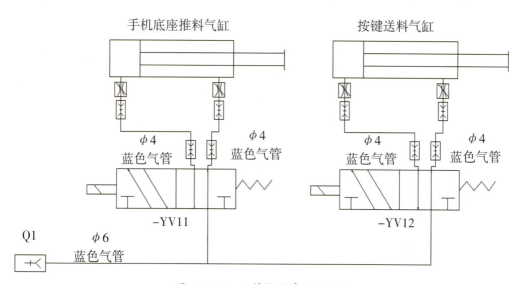

图4-2-21　上料整列单元气路图

（4）设备上不能放置任何不属于本工作站的物品，如有发现请及时清除。

2. 气缸速度（节流阀）的调节

调节节流阀使气缸动作顺畅、柔和，控制进出气体的流量，如图4-2-22所示。

节流阀

图4-2-22　气缸速度的调节

3. 气缸前后限位（磁性开关）的调节

磁性开关安装于气缸的前限位与后限位，确保前后限位分别在气缸缩回和伸出时能够感应到，并输出信号。磁性开关（安装在后限位）的调节如图4-2-23所示。

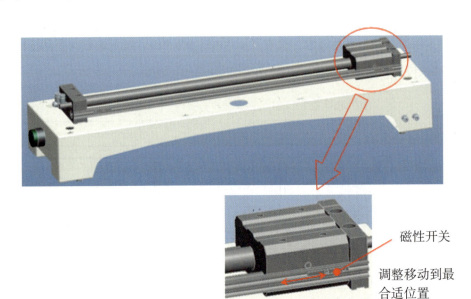

磁性开关

调整移动到最
合适位置

图4-2-23　磁性开关的调节

4. 上料检测信号的调试

上料检测信号由光纤传感器与光电传感器输出，传感器的感应范围为0~20 mm，要求确保能够准确感应到检测物件，并输出信号。

5. 调试故障查询

本任务调试时的故障查询参见表4-2-5。

表4-2-5　故障查询表（7）

故障现象	故障原因	解决方法
设备无法复位	无气压	打开气源或疏通气路
	无杆气缸磁性开关信号丢失	调整磁性开关位置
	接线不良	紧固
	程序出错	修改程序
	开关电源损坏	更换
	PLC损坏	更换
无杆气缸不动作	磁性开关信号丢失	调整磁性开关位置
	检测传感器没触发	参照传感器无检测信号项解决
	电磁阀接线错误	检查并更改
	无气压	打开气源或疏通气路
	PLC输出点烧坏	更换
	接线错误	检查线路并更改
	程序出错	修改程序
	开关电源损坏	更换
传感器无检测信号	PLC输入点烧坏	更换
	接线错误	检查线路并更改
	开关电源损坏	更换
	传感器固定位置不合适	调整位置
	传感器损坏	更换

任务考核

对任务实施的完成情况进行检查，并将结果填入表4-2-6内。

表4-2-6　项目四任务二测评表

序号	主要内容	考核要求	评分标准	配分/分	扣分/分	得分/分
1	上料整列单元的组装	正确描述上料整列单元组成及各部件的名称，并完成安装	（1）描述上料整列单元的组成有错误或遗漏，每处扣5分； （2）上料整列单元安装有错误或遗漏，每处扣5分	20		
2	上料整列单元PLC程序设计与调试	列出PLC控制I/O（输入/输出）元件地址分配表，根据加工工艺，设计梯形图及PLC控制I/O（输入/输出）接线图	（1）输入/输出地址遗漏或错误，每处扣5分； （2）梯形图表达不正确或画法不规范，每处扣1分； （3）接线图表达不正确或画法不规范，每处扣2分	30		
		按PLC控制I/O（输入/输出）接线图在配线板上正确安装，安装要准确、紧固，配线导线要紧固、美观，导线要进线槽，导线要有端子标号	（1）损坏元件扣5分； （2）布线不进线槽、不美观，主电路、控制电路每根扣1分； （3）接点松动、露铜过长、反圈、压绝缘层，标记线号不清楚、遗漏或误标，引出端无别径压端子，每处扣1分； （4）损伤导线绝缘层或线芯，每根扣1分； （5）不按PLC控制I/O（输入/输出）接线图接线，每处扣5分	10		

（续表）

序号	主要内容	考核要求	评分标准	配分／分	扣分／分	得分／分
2	上料整列单元PLC程序设计与调试	熟练、正确地将所编程序输入PLC；按照被控设备的动作要求进行模拟调试，达到设计要求	（1）不会熟练操作PLC键盘输入指令扣2分； （2）不会用删除、插入、修改、存盘等命令，每项扣2分； （3）仿真试车不成功扣30分	30		
3	安全文明生产	劳动保护用品穿戴整齐；遵守操作规程；讲文明，懂礼貌；操作结束后要清理现场	（1）操作中，违反安全文明生产考核要求的任何一项扣5分，扣完为止； （2）当发现学生有重大事故隐患时，要立即予以制止，并每次扣5分	10		
合计				100		
开始时间：			结束时间：			

手机加盖单元的组装、程序设计与调试

任务三

学习目标

1. 了解手机加盖单元的组成及功能。
2. 掌握手机加盖单元的安装方法。
3. 会参照装配图进行手机加盖单元的组装。
4. 会参照接线图完成单元桌面电气元件的安装与接线。
5. 能够利用给定测试程序进行通电测试。

任务描述

有一台工业机器人手机装配模拟工作站其由上料整列单元、六轴机器人单元、手机加盖单元这三个单元组合而成。各单元间预留了扩展与升级的接口，根据市场需求不断地进行开发升级或由用户自行设计新的功能单元。由于急需使用该设备，现需要对该工作站的手机加盖单元进行组装、程序设计及调试工作，并交有关人员验收，要求安装完成后可按功能要求正常运转。

学习储备

手机加盖单元是工业机器人手机装配模拟工作站的重要组成部分，它的主要作用是负责手机盖的上料及存储装配完的手机，通过步进电机驱动升降台供料。它主要由料盒仓、手机盖上料机构、单元桌面电气元件、手机加盖单元控制面板、手机加盖单元电气挂板和单元桌体组成，其外形如图4-3-1所示。

图4-3-1　手机加盖单元

1. 料盒仓

料盒仓主要由料盒侧板、料盒底板、料盒传感器支架、光电传感器及螺钉等配件组成。该料盒仓共有两套，其外形如图4-3-2所示。

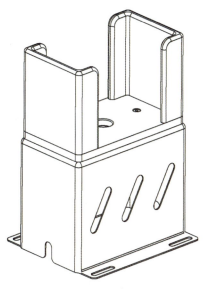

图4-3-2　料盒仓

2. 手机盖上料机构

手机盖上料机构主要由丝杆升降机构、托盘机构、步进电机、围板、出料平台、推料气缸、检测传感器、手机盖、底板等组成。其外形如图4-3-3所示。

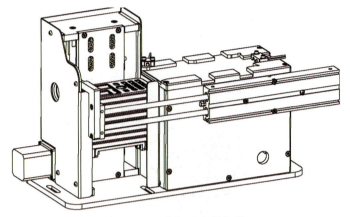

图4-3-3 手机盖上料机构

一、工具设备准备

实施本任务教学所使用的实训工具及设备器材可参考表4-3-1。

表4-3-1 实训工具及设备器材

序号	分类	名称	型号规格	数量	单位
1	工具	电工常用工具	—	1	套
2		内六角扳手	3.0 mm	1	个
3		内六角扳手	4.0 mm	1	个
4	设备器材	ABB机器人	SX-CSET-JD08-05-34	1	套
5		上料整列模型	SX-CSET-JD08-05-26	1	套
6		加盖模型	SX-CSET-JD08-05-28	1	套
7		三爪夹具组件	SX-CSET-JD08-05-10	1	套
8		按键吸盘组件	SX-CSET-JD08-05-11	1	套
9		夹具座组件	SX-CSET-JD08-05-15A	2	套
10		气源两联件组件	SX-CSET-JD08-05-16	1	套

二、在单元桌体上完成手机加盖单元的组装

1. 料盒仓的安装

（1）从手机装配实训任务存储箱中取出料盒仓组件及螺钉等配件，按图4-3-4所示的组装图进行组装。

（2）安装好的料盒仓如图4-3-5所示。

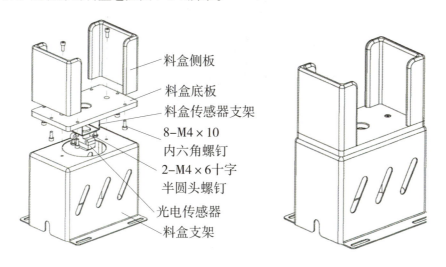

料盒侧板
料盒底板
料盒传感器支架
8-M4×10
内六角螺钉
2-M4×6十字
半圆头螺钉
光电传感器
料盒支架

图4-3-4　料盒仓组装图 　　　　　图4-3-5　安装好的料盒仓

2. 手机盖上料机构的安装

（1）从手机装配实训任务存储箱中取出手机盖上料机构、附件及螺钉等配件，按图4-3-6所示的组装图进行组装。

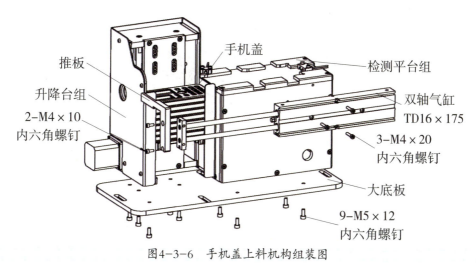

推板
升降台组
2-M4×10
内六角螺钉
手机盖
检测平台组
双轴气缸
TD16×175
3-M4×20
内六角螺钉
大底板
9-M5×12
内六角螺钉

图4-3-6　手机盖上料机构组装图

（2）安装好的手机盖上料机构如图4-3-7所示。

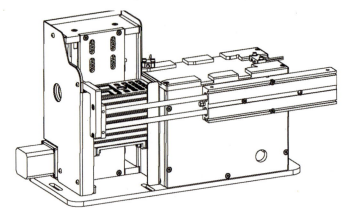

图4-3-7　安装好的手机盖上料机构

3. 手机加盖单元的组装

（1）把两套组装好的料盒仓和手机盖上料机构按图4-3-8所示安装到桌面，并连接好接插头对接线，把步进驱动器输出连接线与步进电机插紧，推料气缸的气管连接插紧。

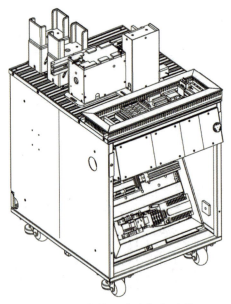

图4-3-8　安装好的手机加盖单元

（2）对照电气原理图及I/O分配表把信号线接插头对接好；光纤头直接插入对应的光纤放大器；使用φ4 mm气管把手机盖上料机构推料气缸与桌面对应电磁阀出口接头连接插紧。

三、手机加盖单元功能框图

根据控制要求，画出手机加盖单元功能框图，如图4-3-9所示。

图4-3-9　手机加盖单元功能框图

四、手机加盖单元的设计

1. I/O功能分配

手机加盖单元PLC的I/O功能分配见表4-3-2。

表4-3-2　手机加盖单元PLC的I/O功能分配表

I/O地址	功能描述
I0.0	步进下限位（常闭）
I0.1	步进上限位（常闭）
I0.2	步进原点有信号，I0.2闭合
I0.4	盖到位检测传感器有信号，I0.4闭合
I0.5	有盖检测传感器有信号，I0.5闭合
I0.6	推盖气缸缩回限位有信号，I0.6闭合
I0.7	推盖气缸伸出限位有信号，I0.7闭合
I1.0	按下面板启动按钮，I1.0闭合
I1.1	按下面板停止按钮，I1.1闭合
I1.2	按下面板复位按钮，I1.2闭合
I1.3	联机信号触发，I1.3闭合
I1.4	仓库1检测传感器有信号，I1.4闭合

（续表）

I/O地址	功能描述
I1.5	仓库2检测传感器有信号，I1.5闭合
Q0.0	Q0.0闭合，步进电机驱动器得到脉冲信号，步进电机运行
Q0.2	Q0.2闭合，改变步进电机运行方向
Q0.4	Q0.4闭合，推盖气缸电磁阀得电
Q0.5	Q0.5闭合，面板运行指示灯（绿）点亮
Q0.6	Q0.6闭合，面板停止指示灯（红）点亮
Q0.7	Q0.7闭合，面板复位指示灯（黄）点亮

2. 手机加盖单元桌面接口板端子分配

手机加盖单元桌面接口板端子分配见表4-3-3。

表4-3-3　手机加盖单元桌面接口板端子分配表

桌面接口板地址	线号	功能描述
1	步进下限（I0.0）	步进下限微动开关信号线
2	步进上限（I0.1）	步进上限微动开关信号线
3	步进原点（I0.2）	步进原点传感器信号线
5	盖到位检测传感器（I0.4）	盖到位检测传感器信号线
6	有盖检测传感器（I0.5）	有盖检测传感器信号线
7	推盖气缸缩回限位（I0.6）	推盖气缸缩回限位磁性开关信号线
8	推盖气缸伸出限位（I0.7）	推盖气缸伸出限位磁性开关信号线
9	仓库1检测传感器（I1.4）	仓库1检测传感器信号线
10	仓库2检测传感器（I1.5）	仓库2检测传感器信号线
20	步进脉冲（Q0.0）	步进脉冲信号线
22	步进方向（Q0.2）	步进方向信号线
24	推盖气缸电磁阀（Q0.4）	推盖气缸电磁阀信号线
40	步进原点传感器+	步进原点传感器电源线+
42	盖到位检测传感器+	盖到位检测传感器电源线+

（续表）

桌面接口板地址	线号	功能描述
43	有盖检测传感器+	有盖检测传感器电源线+
58	仓库1检测传感器+	仓库1检测传感器电源线+
59	仓库2检测传感器+	仓库2检测传感器电源线+
46	步进下限−	步进下限微动开关电源线−
47	步进上限−	步进上限微动开关电源线−
48	步进原点传感器−	步进原点传感器电源线−
50	盖到位检测传感器−	盖到位检测传感器电源线−
51	有盖检测传感器−	有盖检测传感器电源线−
68	推盖气缸电磁阀−	推盖气缸电磁阀电源线−
54	仓库1检测传感器−	仓库1检测传感器电源线−
55	仓库2检测传感器−	仓库2检测传感器电源线−
52	推盖气缸缩回限位−	推盖气缸缩回限位磁性开关电源线−
53	推盖气缸伸出限位−	推盖气缸伸出限位磁性开关电源线−
62	步进驱动器电源+	步进驱动器电源线+
65	步进驱动器电源−	步进驱动器电源线−
63	PS39+	提供24 V电源+
64	PS3−	提供24 V电源−

3. 手机加盖单元挂板接口板端子分配

手机加盖单元挂板接口板端子分配见表4-3-4。

表4-3-4 手机加盖单元挂板接口板端子分配表

挂板接口板地址	线号	功能描述
1	I0.0	步进下限位
2	I0.1	步进上限位
3	I0.2	步进原点传感器
5	I0.4	盖到位检测

（续表）

挂板接口板地址	线号	功能描述
6	I0.5	有盖检测
7	I0.6	推盖气缸缩回限位
8	I0.7	推盖气缸伸出限位
9	I1.4	仓库1检测
10	I1.5	仓库2检测
20	Q0.0	步进脉冲
22	Q0.2	步进方向
24	Q0.4	推盖气缸电磁阀
A	PS3+	继电器常开触点（KA31：6）
B	PS3-	直流电源24 V-进线
C	PS32+	继电器常开触点（KA31：5）
D	PS33+	继电器触点（KA31：9）
E	I1.0	启动按钮
F	I1.1	停止按钮
G	I1.2	复位按钮
H	I1.3	联机信号
I	Q0.5	启动指示灯
J	Q0.6	停止指示灯
K	Q0.7	复位指示灯
L	PS39+	直流24 V+

五、PLC控制线路

PLC控制线路连接如图4-3-10所示。

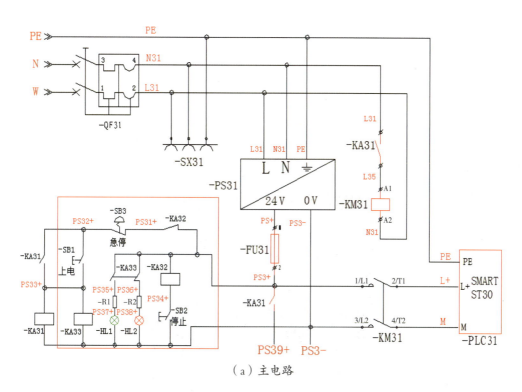

（a）主电路

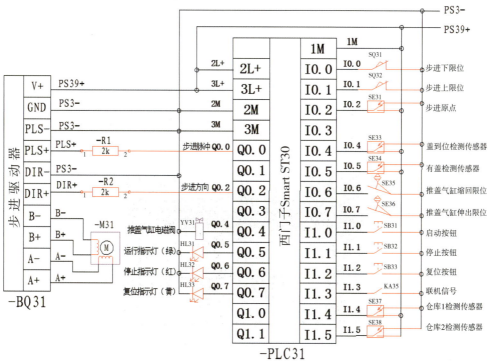

（b）PLC接线图

图4-3-10　接线图（2）

六、线路安装

1. 连接PLC各端子接线

按照图4-3-10所示的接线图，进行PLC控制线路的安装。元件安装及布线应符合工艺要求，布线时严禁损伤线芯和导线绝缘层，导线与接线端子或接线桩连接时，不得压绝缘层，不反圈及不露铜过长。如图4-3-11所示。

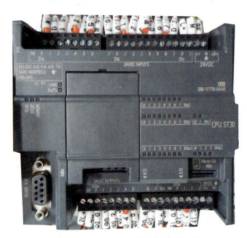

图4-3-11 PLC接线实物图

2. 挂板接口板端子接线

按照表4-3-4挂板接口板端子分配表和图4-3-10所示的接线图，进行挂板接口板端子的接线。元件安装及布线应符合工艺要求，布线时严禁损伤线芯和导线绝缘层，导线与接线端子或接线桩连接时，不得压绝缘层，不反圈及不露铜过长。如图4-3-12所示。

图4-3-12 挂板接口板端子接线实物图

3. 桌面接口板端子接线

按照表4-3-3桌面接口板端子分配表和图4-3-10所示的接线图，进行桌面接口板端子的接线。元件安装及布线应符合工艺要求，布线时严禁损伤线芯和导线绝缘层，导线与接线端子或接线桩连接时，不得压绝缘层，不反圈及不露铜过长。如图4-3-13所示。

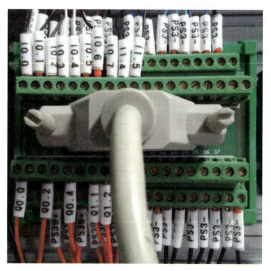

图4-3-13　桌面接口板端子接线实物图

4. 步进电机与驱动器端子的接线

按照图4-3-10所示的接线图，进行步进电机与驱动器端子控制线路的安装。元件安装及布线应符合工艺要求，布线时严禁损伤线芯和导线绝缘层，导线与接线端子或接线桩连接时，不得压绝缘层，不反圈及不露铜过长。如图4-3-14所示。

图4-3-14　步进电机与驱动器端子接线实物图

七、PLC程序设计

根据控制要求，可设计出手机加盖单元的控制程序，如图4-3-15所示。

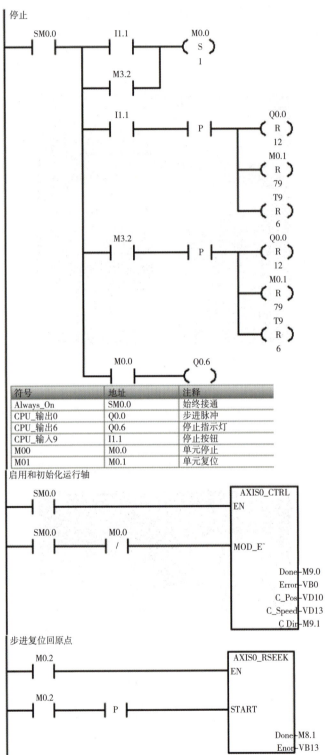

（a）手机加盖单元的控制程序①

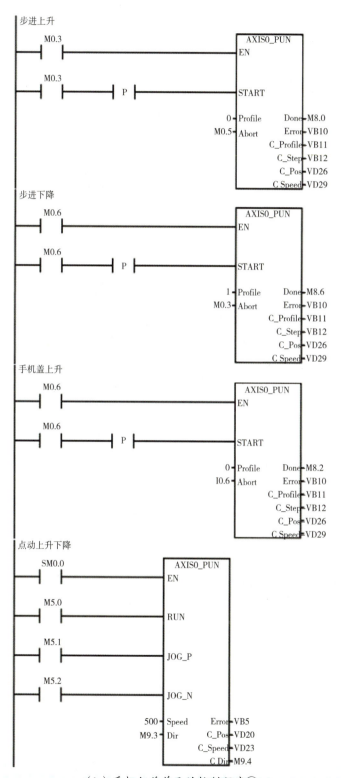

（b）手机加盖单元的控制程序②

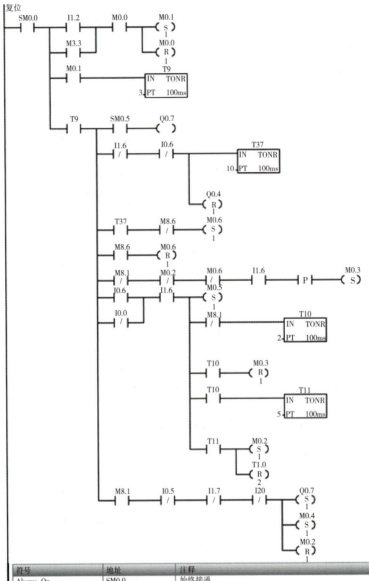

符号	地址	注释
Always_On	SM0.0	始终接通
Clock_1s	SM0.5	针对1s的周期时间，时钟脉冲接通0.5s，断开0.5s
CPU_输出4	Q0.4	推盖气缸电磁阀
CPU_输出7	Q0.7	复位指示灯
CPU_输入0	I0.0	步进上限位
CPU_输入10	I1.2	复位按钮
CPU_输入14	I1.6	推盖气缸伸出限位
CPU_输入15	I1.7	仓库1检测
CPU_输入16	I2.0	仓库2检测
CPU_输入5	I0.5	盖到位传感器
CPU_输入6	I0.6	有盖检测传感器
M00	M0.0	单元停止
M01	M0.1	单元复位
M02	M0.2	步进复位
M03	M0.3	步进上升
M04	M0.4	复位完成
M05	M0.5	步进上升停止

（c）手机加盖单元的控制程序③

— 244 —

按启动按钮上升，回原点

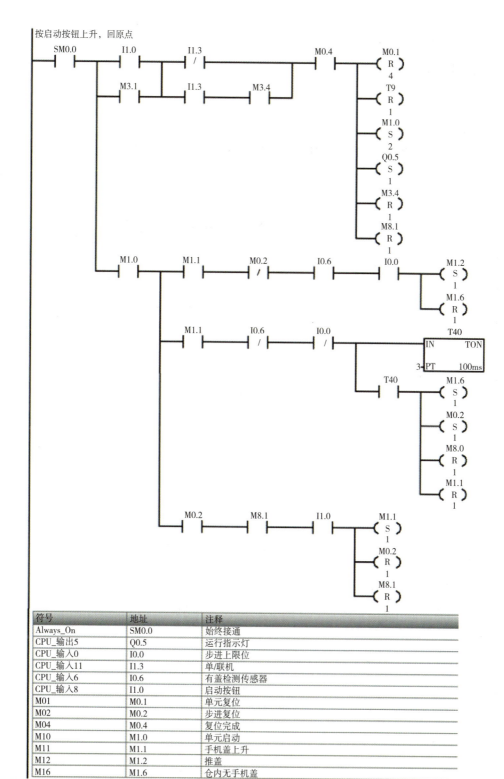

符号	地址	注释
Always_On	SM0.0	始终接通
CPU_输出5	Q0.5	运行指示灯
CPU_输入0	I0.0	步进上限位
CPU_输入11	I1.3	单/联机
CPU_输入6	I0.6	有盖检测传感器
CPU_输入8	I1.0	启动按钮
M01	M0.1	单元复位
M02	M0.2	步进复位
M04	M0.4	复位完成
M10	M1.0	单元启动
M11	M1.1	手机盖上升
M12	M1.2	推盖
M16	M1.6	仓内无手机盖

（d）手机加盖单元的控制程序④

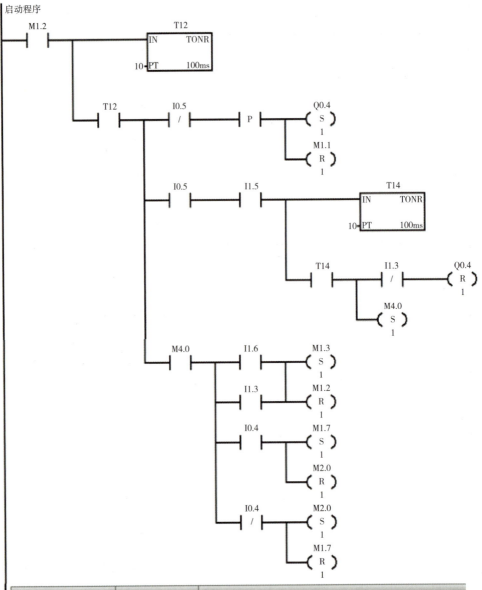

符号	地址	注释
CPU_输出4	Q0.4	推盖气缸电磁阀
CPU_输入11	I1.3	单/联机
CPU_输入13	I1.5	推盖气缸缩回限位
CPU_输入14	I1.6	推盖气缸伸出限位
CPU_输入4	I0.4	颜色检测传感器
CPU_输入5	I0.5	盖到位传感器
M11	M1.1	手机盖上升
M12	M1.2	推盖
M13	M1.3	手机盖推出完成
M17	M1.7	白色手机盖
M20	M2.0	灰色手机盖

（e）手机加盖单元的控制程序⑤

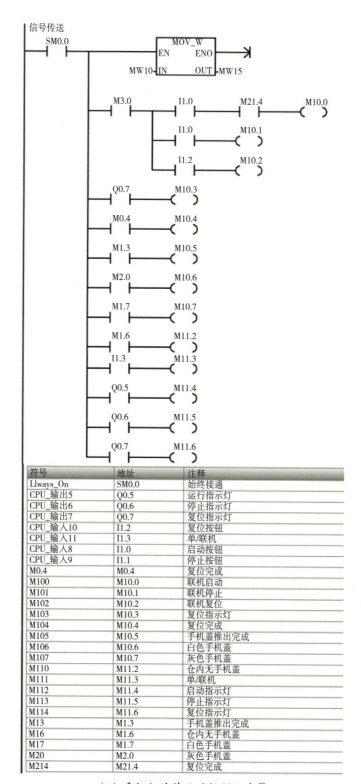

符号	地址	注释
Llways_On	SM0.0	始终接通
CPU_输出5	Q0.5	运行指示灯
CPU_输出6	Q0.6	停止指示灯
CPU_输出7	Q0.7	复位指示灯
CPU_输入10	I1.2	复位按钮
CPU_输入11	I1.3	单/联机
CPU_输入8	I1.0	启动按钮
CPU_输入9	I1.1	停止按钮
M0.4	M0.4	复位完成
M100	M10.0	联机启动
M101	M10.1	联机停止
M102	M10.2	联机复位
M103	M10.3	复位指示灯
M104	M10.4	复位完成
M105	M10.5	手机盖推出完成
M106	M10.6	白色手机盖
M107	M10.7	灰色手机盖
M110	M11.2	仓内无手机盖
M111	M11.3	单/联机
M112	M11.4	启动指示灯
M113	M11.5	停止指示灯
M114	M11.6	复位指示灯
M13	M1.3	手机盖推出完成
M16	M1.6	仓内无手机盖
M17	M1.7	白色手机盖
M20	M2.0	灰色手机盖
M214	M21.4	复位完成

（f）手机加盖单元的控制程序⑥

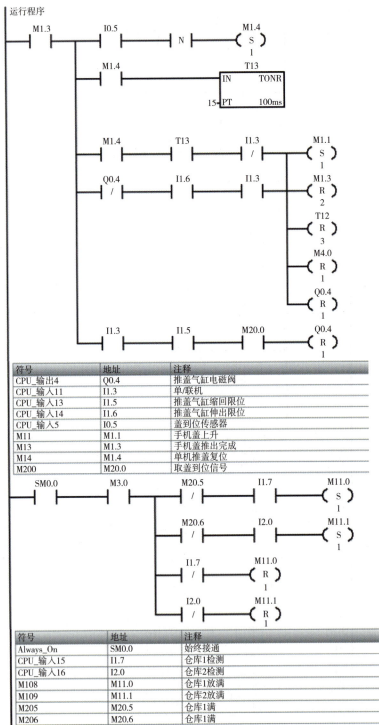

（g）手机加盖单元的控制程序⑦

图4-3-15 手机加盖单元参考控制程序

八、系统调试与运行

1. 上电前的检查

（1）观察机构上各元件外表是否有明显移位、松动或损坏等现象。如果存在以上现象，则应及时调整、紧固或更换元件。

（2）对照接口板端子分配表或接线图检查桌面和挂板接线是否正确，尤其要检查24 V电源及电气元件电源线等线路是否有短路、断路现象。

注意：设备初次组装调试时，必须认真检查线路是否正确，接线错误容易造成设备元件损坏。

2. 手机盖上料机构的检测

（1）检查和调试出料口（光纤传感器）、出料台（光纤传感器）及升降机构原点检测（光电开关传感器）的位置。

（2）在进行EE-SX951槽型光电开关的调试时，注意观察槽型光电开关与原点感应片是否有干涉现象，或感应片是否进入槽型光电开关的感应区域，如图4-3-16所示。

图4-3-16　槽型光电开关的调试

（3）在进行光纤传感器的调试时，根据检测对象设定传感器极性和阈值。该传感器的使用参见图4-3-17、图4-3-18。

图4-3-17　光纤传感器外观

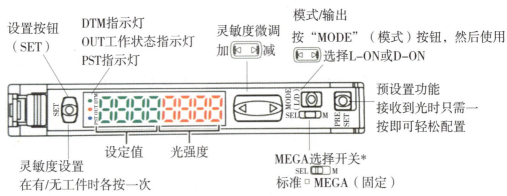

设置按钮（SET）　DTM指示灯　OUT工作状态指示灯　PST指示灯　灵敏度微调 加 减　模式/输出 按"MODE"（模式）按钮，然后使用 选择L-ON或D-ON

预设置功能 接收到光时只需一 按即可轻松配置

灵敏度设置 在有/无工件时各按一次　设定值　光强度　MEGA选择开关* SEL M 标准 □ MEGA（固定）

图4-3-18　光纤传感器设定

（4）气缸与磁性开关的调节。

打开气源，待气缸在初始位置时，移动磁性开关的位置，调整气缸的缩回限位，待磁性开关点亮即可，如图4-3-19（a）所示；再利用小一字螺丝刀对气动电磁阀的测试旋钮进行操作，按下测试旋钮，顺时针旋转90°即锁住阀门，如图4-3-19（b）所示，此时气缸处于伸出位置，调整气缸的伸出限位即可；调节气缸节流阀，可以对气缸的运动速度进行控制，使其达到最佳运行状态。

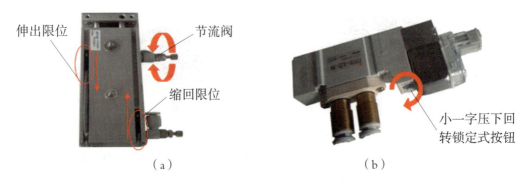

伸出限位　节流阀　缩回限位　小一字压下回转锁定式按钮

（a）　　　　　（b）

图4-3-19　气缸与磁性开关的调节

（5）光电传感器安装在两个存储仓上，传感器灵敏度可以通过旋钮进行调节，顺时针增加，逆时针减小，如图4-3-20所示。

调节旋钮

图4-3-20　光电传感器的设定

3. 调试故障查询

本任务调试时的故障查询参见表4-3-5。

表4-3-5 故障查询表（8）

故障现象	故障原因	解决方法
设备无法复位	无气压	打开气源或疏通气路
	PLC输出点烧坏	更换
	接线不良	紧固
	程序出错	修改程序
	开关电源损坏	更换
	PLC损坏	更换
步进电机不动作	接线不良	紧固
	PLC输出点烧坏	更换
	步进电机损坏	更换
传感器无检测信号	PLC输入点烧坏	更换
	接线错误	检查线路并更改
	开关电源损坏	更换
	传感器固定位置不合适	调整位置
	传感器损坏	更换

任务考核

对任务实施的完成情况进行检查，并将结果填入表4-3-6内。

表4-3-6 项目四任务三测评表

序号	主要内容	考核要求	评分标准	配分/分	扣分/分	得分/分
1	手机加盖单元的组装	正确描述手机加盖单元组成及各部件的名称，并完成安装	（1）描述手机加盖单元的组成有错误或遗漏，每处扣5分；（2）手机加盖单元安装有错误或遗漏，每处扣5分	20		

（续表）

序号	主要内容	考核要求	评分标准	配分/分	扣分/分	得分/分
2	手机加盖单元PLC程序设计与调试	列出PLC控制I/O（输入/输出）元件地址分配表，根据加工工艺，设计梯形图及PLC控制I/O（输入/输出）接线图	（1）输入/输出地址遗漏或错误，每处扣5分； （2）梯形图表达不正确或画法不规范，每处扣1分； （3）接线图表达不正确或画法不规范，每处扣2分	30		
		按PLC控制I/O（输入/输出）接线图在配线板上正确安装，安装要准确、紧固，配线导线要紧固、美观，导线要进线槽，导线要有端子标号	（1）损坏元件扣5分； （2）布线不进线槽、不美观，主电路、控制电路每根扣1分； （3）接点松动、露铜过长、反圈、压绝缘层，标记线号不清楚、遗漏或误标，引出端无别径压端子，每处扣1分； （4）损伤导线绝缘层或线芯，每根扣1分； （5）不按PLC控制I/O（输入/输出）接线图接线，每处扣5分	10		
		熟练、正确地将所编程序输入PLC；按照被控设备的动作要求进行模拟调试，达到设计要求	（1）不会熟练操作PLC键盘输入指令扣2分； （2）不会用删除、插入、修改、存盘等命令，每项扣2分； （3）仿真试车不成功扣30分	30		
3	安全文明生产	劳动保护用品穿戴整齐；遵守操作规程；讲文明，懂礼貌；操作结束后要清理现场	（1）操作中，违反安全文明生产考核要求的任何一项扣5分，扣完为止； （2）当发现学生有重大事故隐患时，要立即予以制止，并每次扣5分	10		
合计				100		
开始时间：			结束时间：			

任务四　机器人装配手机按键的程序设计与调试

学习目标

① 了解手机按键托盘的结构。

② 了解手机底座的结构。

③ 掌握机器人常用指令的应用。

④ 掌握工业机器人在手机按键装配中的应用。

⑤ 能根据控制要求，完成机器人装配手机按键的程序设计与调试。

任务描述

图4-4-1所示是工业机器人手机装配模拟工作站。事先将手机按键托盘按照规定的位置和方向放好，同时也将手机底座放在规定的位置，然后在六轴机器人单元的操作面板上按下启动按钮，工业机器人依次将手机按键从托盘中取出放到手机底座上。装配好一个手机后暂停，待换好手机底座后，再按下启动按钮，系统继续运行，循环四次后托盘中的按键全部装配完成后停止。据此要求设计工业机器人程序和PLC控制程序。

图4-4-1　工业机器人手机装配模拟工作站

一、ABB工业机器人程序流程指令

1. 程序流程指令IF

IF Condition THEN...

｛ELSEIF Condition THEN...｝

［ELST...］

ENDIF

Condition:　判断条件　（bool）

应用:

当前指令通过判断相应条件来控制需要执行的相应指令,该指令是机器人程序流程的基本指令。

实例:

```
IF reg1>5 THEN               IF reg2=1 THEN
   set do1;                     routine1;
   set do2;                  ELSEIF reg2=2 THEN
ENDIF                           routine2;
                            ELSEIF reg2=3 THEN
IF reg1>5 THEN                  routine3;
   set do1;                  ELSEIF reg2=4 THEN
   set do2;                     routine4;
ELSE                        ELSE
   Reset do1;                  Error;
   Reset do2;               ENDIF
ENDIF
```

2. 程序流程指令WHILE

WHILE Condition DO

...

ENDWHILE

Condition:　判断条件　（bool）

应用：

当前指令通过判断相应条件来控制需要执行的相应指令，如果符合判断条件则执行循环内指令，直至判断条件不满足才跳出循环，继续执行循环以后的指令。需要注意当前指令是否存在死循环。

实例：

```
WHILE reg1<reg2 DO
   ...
   reg1:=reg1+1;
ENDWHILE
PROC main()
   rInitial;
   WHILE TRUE DO
      ...
   ENDWHILE
ENDPROC
```

3. 程序流程指令FOR

FOR Loop counter FROM

Start value End value

［STEP Step value］DO

...

ENDFOR

Loop counter:　　循环计数标识　　（identifier）

Start value:　　标识初始值　　（num）

End value: 标识最终值 （num）

［STEP Step value］： 计数更改值 （num）

应用：

当前指令通过循环判断标识从初始值逐渐更改至最终值，从而控制程序相应循环次数。如果不使用参变量［STEP］，循环标识每次更改值为1；如果使用参变量［STEP］，循环标识每次更改值为参变量相应设置。通常情况下，初始值、最终值与更改值为整数，循环判断标识使用i、k、j等小写字母，是标准的机器人循环指令，常在通信口读写、数组数据赋值等数据处理时使用。

限制：

循环标识只能自动更改，不允许赋值；在程序循环内，循环标识可以作为数字数据（num）使用，但只能读取相应的值，不允许赋值；如果循环标识初始值、最终值与更改值使用小数形式，则必须为精确值。

二、手机按键托盘

手机按键托盘的排列如图4-4-2所示。其结构有如下特点：

（1）按键按照规律分成15个按键区域。

（2）每个按键区域有4个按键按矩阵排列。

（3）区域之间横向间距和纵向间距均为30 mm。

（4）同一区域内同名按键之间的横向间距和纵向间距均为12 mm（方向键区域除外）。

（5）方向键区域单独排列，横向间距和纵向间距均为18 mm。

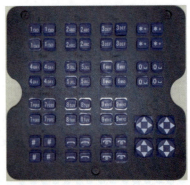

图4-4-2　手机按键托盘的排列

三、手机底座

手机底座的结构如图4-4-3所示。手机底座的15个按键对应有15个凹坑，每个凹坑的边都有一定的倾斜角，对少量的偏差有自动校正作用。

图4-4-3 手机底座的结构

一、工具设备准备

实施本任务教学所使用的实训工具及设备器材可参考表4-4-1。

表4-4-1 实训工具及设备器材

序号	分类	名称	型号规格	数量	单位
1	工具	电工常用工具	—	1	套
2		内六角扳手	3.0 mm	1	个
3		内六角扳手	4.0 mm	1	个
4	设备器材	ABB机器人	SX-CSET-JD08-05-34	1	套
5		上料整列模型	SX-CSET-JD08-05-26	1	套
6		加盖模型	SX-CSET-JD08-05-28	1	套
7		三爪夹具组件	SX-CSET-JD08-05-10	1	套
8		按键吸盘组件	SX-CSET-JD08-05-11	1	套
9		夹具座组件	SX-CSET-JD08-05-15A	2	套
10		气源两联件组件	SX-CSET-JD08-05-16	1	套

二、了解手机按键装配好后的情况

①、②、③、*、④、⑤、⑥、⓪、⑦、⑧、⑨等按键的排列规律跟按键托盘中的按键规律一致，手机按键装配好后的情况如图4-4-4所示。

图4-4-4 装配好后的手机

三、机器人与PLC的设计

1. I/O功能分配

机器人与PLC的I/O功能分配（参数写入时需重启控制器）见表4-4-2。

表4-4-2 机器人与PLC的I/O功能分配表

序号	PLC I/O地址	功能描述	对应机器人I/O
1	I0.0	按下面板启动按钮，I0.0闭合	无
2	I0.1	按下面板停止按钮，I0.1闭合	无
3	I0.2	按下面板复位按钮，I0.2闭合	无
4	I0.3	联机信号触发，I0.3闭合	无
5	I1.2	自动模式，I1.2闭合	OUT4
6	I1.3	伺服运行中，I1.3闭合	OUT5
7	I1.4	程序运行，I1.4闭合	OUT6
8	I1.5	异常报警，I1.5闭合	OUT7
9	I1.6	机器人急停，I1.6闭合	OUT8
10	I1.7	回到原点，I1.7闭合	OUT9
11	I2.0	取盖到位信号，I2.0闭合	OUT10
12	I2.1	换料信号，I2.1闭合	OUT11

（续表）

序号	PLC I/O地址	功能描述	对应机器人I/O
13	I2.2	装配完成信号，I2.2闭合	OUT12
14	I2.3	加盖完成信号，I2.3闭合	OUT13
15	I2.4	入库完成信号，I2.4闭合	OUT14
16	I2.5	仓库1满，I2.5闭合	OUT15
17	I2.6	仓库2满，I2.6闭合	OUT16
18	Q0.0	Q0.0闭合，机器人上电，电机ON	IN4
19	Q0.1	Q0.1闭合，电机运行	IN5
20	Q0.2	Q0.2闭合，主程序运行	IN6
21	Q0.3	Q0.3闭合，运行	IN7
22	Q0.4	Q0.4闭合，停止	IN8
23	Q0.5	Q0.5闭合，电机停止	IN9
24	Q0.6	Q0.6闭合，机器人异常复位	IN10
25	Q0.7	Q0.7闭合，PLC复位信号	IN11
26	Q1.0	Q1.0闭合，面板运行指示灯（绿）点亮	无
27	Q1.1	Q1.1闭合，面板停止指示灯（红）点亮	无
28	Q1.2	Q1.2闭合，面板复位指示灯（黄）点亮	无
29	Q1.3	Q1.3闭合，动作开始	IN12
30	Q1.4	Q1.4闭合，有盖信号	IN13
31	Q1.5	Q1.5闭合，盖颜色信号	IN14
32	Q1.6	Q1.6闭合，仓库1清空信号	IN15
33	Q1.7	Q1.7闭合，仓库2清空信号	IN16
34	无	OUT1为ON，快换夹具 YV21电磁阀动作	OUT1
35	无	OUT2为ON，工作A YV22电磁阀动作	OUT2
36	无	OUT3为ON，工作A YV23电磁阀动作	OUT3

工业机器人 应用与调试

2. 机器人与PLC的电路连接

机器人与PLC的电路连接见图4-4-5。

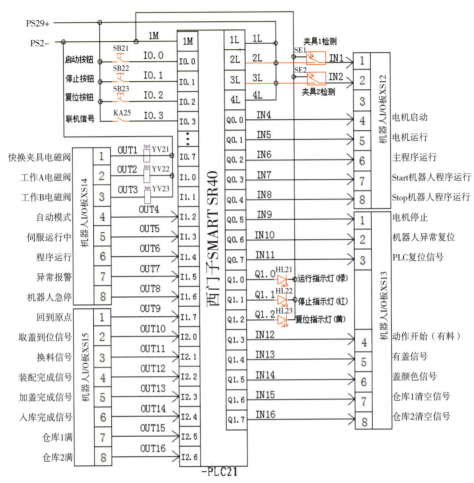

图4-4-5　机器人与PLC电路图

四、机器人动作流程

根据控制要求，可分析机器人动作流程如下：

（1）等待按启动按钮。

（2）运行到安全点（JSafe）。

（3）运动到接近取键点上方50 mm位置。

（4）下降到取键点。

（5）吸取按键。

（6）上升50 mm取出按键。

（7）运动到放按键的位置上方50 mm位置。

（8）下降到放键位置。

（9）松开按键。

（10）上升50 mm确保放好按键。

（11）返回第三步，直到所有按键装配完成，返回安全点，等待更换手机底座后按启动按钮。

五、机器人控制程序的设计

根据机器人动作流程可设计出以下机器人控制程序。

1. 主程序设计（仅供参考）

```
PROC main（）
        DateInit;
        rHome;
        WHILE TRUE DO
            TPWrite "Wait Start.....";
            WHILE DI10_12=0 DO
            ENDWHILE
            TPWrite "Running: Start.";
            RESET DO10_9;
            Gripper1;
            assemble;
            placeGripper1;
            j:=j+1;
            IF j>=2 THEN
                j:=0;
                i:=i+1;
            ENDIF
            Gripper3;
```

```
            SealedByhandling;

            placeGripper3;

            ncount:=ncount+1;

            IF ncount>=4 THEN

                    ncount:=0;

                    i:=0;

                    j:=0;

            ENDIF

        ENDWHILE

ENDPROC
```

2. 取放夹具子程序（仅供参考）

```
PROC Gripper1（）

        MoveJ Offs(ppick,0,0,50),v200,z60,tool0;

        Set DO10_1;

        MoveL Offs(ppick,0,0,0),v40,fine,tool0;

        Reset DO10_1;

        WaitTime 1;

        MoveL Offs(ppick,−3,−120,20),v50,z100,tool0;

        MoveL Offs(ppick,−3,−120,150),v100,z60,tool0;

ENDPROC

PROC placeGripper1（）

        MoveJ Offs(ppick,−2.5,−120,200),v200,z100,tool0;

        MoveL Offs(ppick,−2.5,−120,20),v100,z100,tool0;

        MoveL Offs(ppick,0,0,0),v40,fine,tool0;

        Set DO10_1;

        WaitTime 1;

        MoveL Offs(ppick,0,0,40),v30,z100,tool0;

        MoveL Offs(ppick,0,0,50),v60,z100,tool0;

        Reset DO10_1;
```

```
        IF DI10_12=0 THEN

                MoveJ Home,v200,z100,tool0;

        ENDIF

    ENDPROC
```

3. 手机按键装配子程序（仅供参考）

```
PROC assemble（）

        P12:=p11;

        P12:=Offs(p12,12*i,12*j,0);

        MoveJ Offs(p12,-100,100,100),v150,z100,tool0;

        MoveJ Offs(p12,0,0,20),v200,z100,tool0;

        !12

        MoveL Offs(p12,0,0,0),v40,fine,tool0;

        Set DO10_2;

        Set DO10_3;

        WaitTime 0.2;

        MoveL Offs(p12,0,0,20),v40,z100,tool0;

        MoveJ p1,v200,z100,tool0;

        !Z

        MoveJ Offs(p2,0,0,20),v200,z100,tool0;

        !2

        MoveL Offs(p2,0,0,0),v40,fine,tool0;

        RESet DO10_3;

        WaitTime 0.1;

        MoveL Offs(p2,0,0,20),v100,z100,tool0;

        MoveJ Offs(p2,-18,0,20),v100,z100,tool0;

        !1

        MoveL Offs(p2,-18,0,0),v40,fine,tool0;

        RESet DO10_2;

        WaitTime 0.1;
```

```
MoveL Offs(p2,-18,0,20),v100,z100,tool0;

MoveJ p1,v200,z100,tool0;

!Z

MoveJ Offs(p12,0,60,20),v200,z100,tool0;

!3*

MoveL Offs(p12,0,60,0),v40,fine,tool0;

Set DO10_2;

Set DO10_3;

WaitTime 0.2;

MoveL Offs(p12,0,60,20),v40,z100,tool0;

MoveJ p1,v200,z100,tool0;

!Z

MoveJ Offs(p2,-42,0,20),v200,z100,tool0;

!3

MoveL Offs(p2,-42,0,0),v40,fine,tool0;

RESet DO10_2;

WaitTime 0.1;

MoveL Offs(p2,-42,0,20),v100,z100,tool0;

MoveJ Offs(p2,-24,0,20),v100,z100,tool0;

!*

MoveL Offs(p2,-24,0,0),v40,fine,tool0;

RESet DO10_3;

WaitTime 0.1;

MoveL Offs(p2,-24,0,20),v100,z100,tool0;

MoveJ p1,v200,z100,tool0;

!Z

MoveJ Offs(p12,30,0,20),v200,z100,tool0;

!45

MoveL Offs(p12,30,0,0),v40,fine,tool0;
```

```
Set DO10_2;

Set DO10_3;

WaitTime 0.2;

MoveL Offs(p12,30,0,20),v40,z100,tool0;

MoveJ p1,v200,z100,tool0;

!Z

MoveJ Offs(p2,0,12,20),v200,z100,tool0;

!5

MoveL Offs(p2,0,12,0),v40,fine,tool0;

RESet DO10_3;

WaitTime 0.1;

MoveL Offs(p2,0,12,20),v100,z100,tool0;

MoveJ Offs(p2,-18,12,20),v100,z100,tool0;

!4

MoveL Offs(p2,-18,12,0),v40,fine,tool0;

RESet DO10_2;

WaitTime 0.1;

MoveL Offs(p2,-18,12,20),v100,z100,tool0;

MoveJ p1,v200,z100,tool0;

!Z

MoveJ Offs(p12,30,60,20),v200,z100,tool0;

!60

MoveL Offs(p12,30,60,0),v40,fine,tool0;

Set DO10_2;

Set DO10_3;

WaitTime 0.2;

MoveL Offs(p12,30,60,20),v40,z100,tool0;

MoveJ p1,v200,z100,tool0;

!Z
```

```
MoveJ Offs(p2,-42,12,20),v200,z100,tool0;

!6

MoveL Offs(p2,-42,12,0),v40,fine,tool0;

RESet DO10_2;

WaitTime 0.1;

MoveL Offs(p2,-42,12,20),v100,z100,tool0;

MoveJ Offs(p2,-24,12,20),v100,z100,tool0;

!0

MoveL Offs(p2,-24,12,0),v40,fine,tool0;

RESet DO10_3;

WaitTime 0.1;

MoveL Offs(p2,-24,12,20),v100,fine,tool0;

MoveJ p1,v200,z100,tool0;

!Z

MoveJ Offs(p12,60,0,20),v200,z100,tool0;

!78

MoveL Offs(p12,60,0,0),v40,fine,tool0;

Set DO10_2;

Set DO10_3;

WaitTime 0.2;

MoveL Offs(p12,60,0,20),v200,z100,tool0;

MoveJ p1,v200,z100,tool0;

!Z

MoveJ Offs(p2,0,24,20),v200,z100,tool0;

!8

MoveL Offs(p2,0,24,0),v40,fine,tool0;

RESet DO10_3;

WaitTime 0.1;

MoveL Offs(p2,0,24,20),v100,z100,tool0;
```

```
MoveJ Offs(p2,−18,24,20),v100,z100,tool0;
!7
MoveL Offs(p2,−18,24,0),v40,fine,tool0;
RESet DO10_2;
WaitTime 0.1;
MoveL Offs(p2,−18,24,20),v100,z100,tool0;
MoveJ p1,v200,z100,tool0;
!Z
MoveJ Offs(p12,60,60,20),v200,z100,tool0;
!9
MoveL Offs(p12,60,60,0),v40,fine,tool0;
Set DO10_2;
WaitTime 0.2;
MoveL Offs(p12,60,60,20),v40,z100,tool0;
MoveJ p1,v200,z100,tool0;
!Z
MoveJ Offs(p2,−42,24,20),v200,z100,tool0;
!9
MoveL Offs(p2,−42,24,0),v40,fine,tool0;
RESet DO10_2;
WaitTime 0.1;
MoveL Offs(p2,−42,24,20),v100,z100,tool0;
MoveJ p1,v200,z100,tool0;
!Z
MoveJ Offs(p12,90,0,20),v200,z100,tool0;
!#(
MoveL Offs(p12,90,0,0),v40,fine,tool0;
Set DO10_2;
Set DO10_3;
```

```
WaitTime 0.2;

MoveL Offs(p12,90,0,20),v40,z100,tool0;

MoveJ p1,v200,z100,tool0;

!Z

MoveJ Offs(p2,−54,24,20),v200,z100,tool0;

!#

MoveL Offs(p2,−54,24,0),v40,fine,tool0;

RESet DO10_2;

WaitTime 0.1;

MoveL Offs(p2,−54,24,20),v100,z100,tool0;

MoveJ Offs(p2,12,−15,20),v100,z100,tool0;

!(

MoveL Offs(p2,12,−15,0),v40,fine,tool0;

RESet DO10_3;

WaitTime 0.1;

MoveL Offs(p2,12,−15,20),v100,z100,tool0;

MoveJ p1,v200,z100,tool0;

!Z

MoveJ Offs(p12,90,60,20),v200,z100,tool0;

!)

MoveL Offs(p12,90,60,0),v40,fine,tool0;

Set DO10_2;

WaitTime 0.2;

MoveL Offs(p12,90,60,20),v200,z100,tool0;

MoveJ p1,v200,z100,tool0;

!Z

MoveJ Offs(p2,−53,−14,20),v200,z100,tool0;

!)

MoveL Offs(p2,−53,−14,0),v40,fine,tool0;
```

```
RESet DO10_2;

WaitTime 0.1;

MoveL Offs(p2,−53,−14,20),v100,z100,tool0;

MoveJ p1,v200,z100,tool0;

!Z

MoveJ Offs(p12,77+6*i,90+6*j,20),v200,z100,tool0;

!DA

MoveL Offs(p12,77+6*i,90+6*j,0),v40,fine,tool0;

Set DO10_2;

WaitTime 0.2;

MoveL Offs(p12,77+6*i,90+6*j,20),v40,z100,tool0;

MoveJ p1,v200,z60,tool0;

!Z

MoveJ Offs(p2,−34,−11.5,20),v200,z100,tool0;

!DA

MoveL Offs(p2,−34,−11.5,0),v40,fine,tool0;

RESet DO10_2;

WaitTime 0.1;

MoveL Offs(p2,−34,−11.5,20),v100,z100,tool0;

SET DO10_12;

IF DI10_12=0 THEN

    MoveJ Home,v200,fine,tool0;

ENDIF

IF ncount=3 THEN

    SET DO10_11;

ENDIF

MoveJ Offs(ppick,−3,−100,220),v150,z100,tool0;

RESET DO10_12;
```

```
    RESET DO10_11;
ENDPROC
```

六、PLC控制程序的设计

根据控制要求，设计PLC控制梯形图程序，可以扫描二维码
下载。

PLC控制梯形图参
考程序

七、功能调试

（1）利用给定测试程序进行通电测试。

（2）按下启动按钮后，工业机器人开始运行，逐个将托盘中的手机按键搬运
到手机底座上，要求动作连贯，过程中要保证机器人离开其他固定机械结构100 mm
以上。

─ □ ×

任务考核

对任务实施的完成情况进行检查，并将结果填入表4-4-3内。

表4-4-3　项目四任务四测评表

序号	主要内容	考核要求	评分标准	配分/分	扣分/分	得分/分
1	机器人装配手机按键程序设计与调试	列出PLC控制I/O（输入/输出）元件地址分配表，根据加工工艺，设计梯形图及PLC控制I/O（输入/输出）接线图	（1）输入/输出地址遗漏或错误，每处扣5分； （2）梯形图表达不正确或画法不规范，每处扣1分； （3）接线图表达不正确或画法不规范，每处扣2分	40		

（续表）

序号	主要内容	考核要求	评分标准	配分/分	扣分/分	得分/分
1	机器人装配手机按键程序设计与调试	按PLC控制I/O（输入/输出）接线图在配线板上正确安装，安装要准确、紧固，配线导线要紧固、美观，导线要进线槽，导线要有端子标号	（1）损坏元件扣5分； （2）布线不进线槽、不美观，主电路、控制电路每根扣1分； （3）接点松动、露铜过长、反圈、压绝缘层，标记线号不清楚、遗漏或误标，引出端无别径压端子，每处扣1分； （4）损伤导线绝缘层或线芯，每根扣1分； （5）不按PLC控制I/O（输入/输出）接线图接线，每处扣5分	10		
		熟练、正确地将所编程序输入PLC；按照被控设备的动作要求进行模拟调试，达到设计要求	（1）不会熟练操作PLC键盘输入指令扣2分； （2）不会用删除、插入、修改、存盘等命令，每项扣2分； （3）仿真试车不成功扣30分	40		
2	安全文明生产	劳动保护用品穿戴整齐；遵守操作规程；讲文明，懂礼貌；操作结束后要清理现场	（1）操作中，违反安全文明生产考核要求的任何一项扣5分，扣完为止； （2）当发现学生有重大事故隐患时，要立即予以制止，并每次扣5分	10		
合计				100		
开始时间：			结束时间：			

 机器人装配手机盖的程序设计与调试

学习目标

① 掌握手机盖装配机器人的程序设计方法。

② 能根据控制要求，完成机器人装配手机盖的程序设计及示教，并能解决程序运行过程中出现的常见问题。

任务描述

现有一套工业机器人手机装配模拟工作站。有一批手机按键已经装配完成，需要进行手机盖装配。手机盖预装在步进系统控制的升降机构内，能够实时提供，现需要设计机器人控制程序并示教。

具体的控制要求如下：

（1）按下启动按钮，系统上电。

（2）按下开始按钮，系统自动运行，机器人拾取平行夹具，手机盖供料机构推出第一个手机盖到出料台，机器人抓取手机盖装配到手机上并搬运到成品仓，然后回到原点。机器人控制动作速度不能过快（≤40%）。

（3）按停止键，机器人动作停止。

（4）按复位键，自动复位到原点。

一、手机盖装配及入库运行轨迹

根据控制要求，可得出手机盖装配及入库运行轨迹如图4-5-1所示。

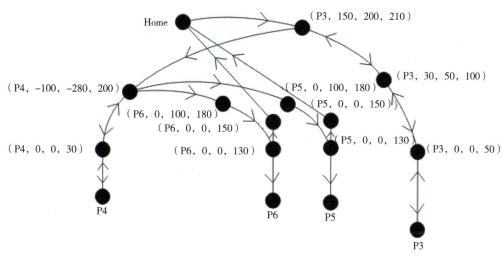

图4-5-1　手机盖装配及入库运行轨迹

二、手机盖装配及入库示教点

根据图4-5-1所示的运行轨迹，可得出手机盖装配及入库所需的示教点，见表4-5-1。

表4-5-1　手机盖装配及入库所需的示教点

序号	点序号	注释	备注
1	JSafe	机器人初始位置	程序中定义
2	Ppick1	取平行夹具点	需示教
3	P3	手机取盖点	需示教
4	P4	手机加盖点	需示教
5	P5	手机仓库放置点一	需示教
6	P6	手机仓库放置点二	需示教

一、工具设备准备

实施本任务教学所使用的实训工具及设备器材可参考表4-5-2。

表4-5-2　实训工具及设备器材

序号	分类	名称	型号规格	数量	单位
1	工具	电工常用工具	—	1	套
2		内六角扳手	3.0 mm	1	个
3		内六角扳手	4.0 mm	1	个
4	设备器材	ABB机器人	SX-CSET-JD08-05-34	1	套
5		上料整列模型	SX-CSET-JD08-05-26	1	套
6		加盖模型	SX-CSET-JD08-05-28	1	套
7		三爪夹具组件	SX-CSET-JD08-05-10	1	套
8		按键吸盘组件	SX-CSET-JD08-05-11	1	套
9		夹具座组件	SX-CSET-JD08-05-15A	2	套
10		气源两联件组件	SX-CSET-JD08-05-16	1	套

二、机器人单元控制流程

根据任务要求，画出机器人单元控制流程图，见图4-5-2。

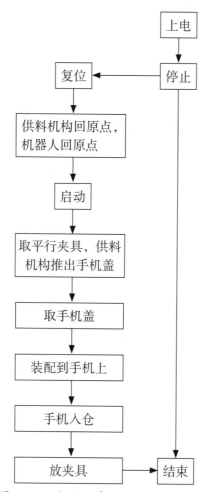

图4-5-2　机器人单元控制流程图（4）

三、机器人控制程序的设计

根据控制要求，设计出机器人控制程序，并下载到本体。机器人的参考程序如下：

1. 加盖入库子程序（仅供参考）

PROC SealedByhandling（）

      MoveJ Home,v200,z100,tool0;

      MoveJ Offs(p3,150,200,210),v200,z100,tool0;

      MoveJ Offs(p3,30,50,100),v150,z100,tool0;

      MoveJ Offs(p3,0,0,50),v100,z100,tool0;

```
RESET DO10_3;

Set DO10_2;

WHILE DI10_13=0 DO

ENDWHILE

MoveL Offs(p3,0,0,0),v50,fine,tool0;

Set DO10_3;

RESET DO10_2;

WaitTime 0.7;

Set DO10_10;

WaitTime 0.8;

MoveL Offs(p3,0,0,50),v50,z100,tool0;

MoveJ Offs(p3,30,50,100),v100,z100,tool0;

MoveJ Offs(p3,150,200,210),v150,z100,tool0;

RESET DO10_10;

MoveJ Offs(p4,−100,−280,200),v200,z100,tool0;

MoveL Offs(p4,0,0,30),v150,z100,tool0;

MoveL Offs(p4,0,0,0),v50,fine,tool0;

WaitTime 0.7;

Set DO10_13;

WaitTime 0.8;

MoveL Offs(p4,0,0,30),v50,z100,tool0;

MoveL Offs(p4,−100,−280,200),v150,z100,tool0;

RESET DO10_13;

IF (mcount<2 or mcount>=4) and mcount<6 THEN

        WHILE DI10_15=1 DO

        ENDWHILE

        MoveJ Offs(p5,0,100,180),v200,z100,tool0;

        MoveJ Offs(p5,0,0,130),v200,z100,tool0;

        MoveL Offs(p5,0,0,acount*20),v50,fine,tool0;
```

```
        RESET DO10_3;

        Set DO10_2;

        WaitTime 0.3;

        Set DO10_14;

        MoveL Offs(p5,0,0,150),v100,z100,tool0;

        acount:=acount+1;

        IF acount=4 THEN

            Set DO10_15;

        ENDIF

        MoveJ Home,v200,fine,tool0;

    ELSE

        WHILE DI10_16=1 DO

        ENDWHILE

        MoveJ Offs(p6,0,100,180),v200,z100,tool0;

        MoveJ Offs(p6,0,0,130),v200,z100,tool0;

        MoveL Offs(p6,0,0,bcount*20),v50,fine,tool0;

        RESET DO10_3;

        Set DO10_2;

        WaitTime 0.3;

        Set DO10_14;

        MoveL Offs(p6,0,0,150),v100,z100,tool0;

        bcount:=bcount+1;

        IF bcount=4 THEN

            Set DO10_16;

        ENDIF

        MoveJ Home,v200,z100,tool0;

    ENDIF

    mcount:=mcount+1;

    IF mcount>=8 THEN
```

```
                    mcount:=0;

                    acount:=0;

                    bcount:=0;

            ENDIF

            RESET DO10_14;

            RESET DO10_2;

    ENDPROC
```

2. 取放平行夹具子程序（仅供参考）

```
PROC Gripper3（）

        MoveJ Offs(ppick1,0,0,50),v200,z60,tool0;

        Set DO10_1;

        MoveL Offs(ppick1,0,0,0),v40,fine,tool0;

        Reset DO10_1;

        WaitTime 1;

        MoveL Offs(ppick1,−3,−120,30),v50,z100,tool0;

        MoveL Offs(ppick1,−3,−120,150),v100,z60,tool0;

ENDPROC

PROC place Gripper3（）

        MoveJ Offs(ppick1,−3,−120,220),v200,z100,tool0;

        MoveL Offs(ppick1,−3,−120,20),v100,z100,tool0;

        MoveL Offs(ppick1,0,0,0),v60,fine,tool0;

        Set DO10_1;

        WaitTime 1;

        MoveL Offs(ppick1,0,0,40),v30,z100,tool0;

        MoveL Offs(ppick1,0,0,50),v60,z100,tool0;

        Reset DO10_1;

ENDPROC
```

四、点的示教

按照图4-5-1所示的手机盖装配及入库运行轨迹和表4-5-1所示的机器人参考程序点的位置，进行手机盖装配及入库运行轨迹示教点的示教。示教内容主要有：①原点；②加盖路线点；③入库路线点。

五、程序运行与调试

1. 程序运行

根据以上信息，调试程序，实现手机盖装配及入库控制功能。调试前注意对照接口板端子分配表或接线图检查桌面和挂板接线是否正确，尤其要检查24 V电源、电气元件电源线等线路是否有短路、断路现象。

2. 调试故障查询

本任务调试时的故障查询参见表4-5-3。

表4-5-3　故障查询表（9）

故障现象	故障原因	解决方法
设备不能正常上电	电气件损坏	更换电气件
	线路接线脱落或错误	检查电路并重新接线
按钮指示灯不亮	接线错误	检查电路并重新接线
	程序错误	修改程序
	指示灯损坏	更换
PLC灯闪烁报警	程序出错	改进程序，重新写入
PLC提示"参数错误"	端口选择错误	选择正确的端口号和通信参数
	PLC出错	执行"PLC存储器清除"命令，直到灯灭为止
传感器对应的PLC输入点没输入	PLC与传感器接线错误	检查电缆并重新连接
	传感器损坏	更换传感器
	PLC输入点损坏	更换输入点
PLC输出点没有动作	接线错误	按正确的方法重新接线
	相应器件损坏	更换器件
	PLC输出点损坏	更换输出点

（续表）

故障现象	故障原因	解决方法
上电，机器人报警	机器人的安全信号没有连接	按照机器人接线图接线
机器人不能启动	机器人的运行程序未选择	在控制器的操作面板选择程序名（在第一次运行机器人时）
	机器人专用I/O没有设置	设置机器人专用I/O（在第一次运行机器人时）
	PLC的输出端没有输出	监控PLC程序
	PLC的输出端子损坏	更换其他端子
	线路错误或接触不良	检查电缆并重新连接
机器人启动就报警	原点数据没有设置	输入原点数据（在第一次运行机器人时）
机器人运动过程中报警	机器人从当前点到下一个点，不能直接移动过去	重新示教下一个点
	气缸节流阀锁死	松开节流阀
	机械结构卡死	调整结构件

任务考核

对任务实施的完成情况进行检查，并将结果填入表4-5-4内。

表4-5-4　项目四任务五测评表

序号	主要内容	考核要求	评分标准	配分/分	扣分/分	得分/分
1	机器人装配手机盖程序设计与调试	列出PLC控制I/O（输入/输出）元件地址分配表，根据加工工艺，设计梯形图及PLC控制I/O（输入/输出）接线图	（1）输入/输出地址遗漏或错误，每处扣5分；（2）梯形图表达不正确或画法不规范，每处扣1分；（3）接线图表达不正确或画法不规范，每处扣2分	40		

（续表）

序号	主要内容	考核要求	评分标准	配分/分	扣分/分	得分/分
1	机器人装配手机盖程序设计与调试	按PLC控制I/O（输入/输出）接线图在配线板上正确安装，安装要准确、紧固，配线导线要紧固、美观，导线要进线槽，导线要有端子标号	（1）损坏元件扣5分； （2）布线不进线槽，不美观，主电路、控制电路每根扣1分； （3）接点松动、露铜过长、反圈、压绝缘层，标记线号不清楚、遗漏或误标，引出端无别径压端子，每处扣1分； （4）损伤导线绝缘层或线芯，每根扣1分； （5）不按PLC控制I/O（输入/输出）接线图接线，每处扣5分	10		
		熟练、正确地将所编程序输入PLC；按照被控设备的动作要求进行模拟调试，达到设计要求	（1）不会熟练操作PLC键盘输入指令扣2分； （2）不会用删除、插入、修改、存盘等命令，每项扣2分； （3）仿真试车不成功扣30分	40		
2	安全文明生产	劳动保护用品穿戴整齐；遵守操作规程；讲文明，懂礼貌；操作结束后要清理现场	（1）操作中，违反安全文明生产考核要求的任何一项扣5分，扣完为止； （2）当发现学生有重大事故隐患时，要立即予以制止，并每次扣5分	10		
		合计		100		
开始时间：			结束时间：			

任务六　装配工作站的整机程序设计与调试

学习目标

① 掌握工作站各单元的通信地址分配，能绘制各单元的PLC控制原理图。

② 掌握整个工作站的联机调试方法。

③ 能根据控制要求，完成装配工作站的整机程序设计与调试，并能解决程序运行过程中出现的常见问题。

任务描述

有一台手机装配设备，现已完成所有任务模型安装与接线任务，现需要设计PLC和机器人控制程序并调试。具体的控制要求如下：

（1）按下启动按钮，系统上电。

（2）按下联机按钮，机器人单元、上料整列单元、加盖单元均联机上电。

（3）按下开始按钮后，再按下送料单元送料按钮，系统自动运行：

①送料机构顺利把送料盘送入工作区，将手机底座推入工作区；

②机器人收到料盘信号，先拾取按键吸盘夹具对手机按键进行装配，完成后将夹具放回原位；

③机器人更换平行夹具，手机盖上料机构把手机盖推到出料台，机器人抓取手机盖装配到手机上并放入仓库，完成后放回平行夹具，最后回到原点；

④手机底座上料机构再次推出手机底座到装配位，发出到位信号，机器人重复上述操作，直到4套手机装配完毕。

（4）机器人控制盘动作速度不能过快（≤40%）。

（5）按停止键，机器人动作停止。

（6）按复位键，自动复位到原点。

一、上料整列单元的检查

可参照图4-6-1所示的上料整列单元流程图来检查上料整列单元的运行情况。

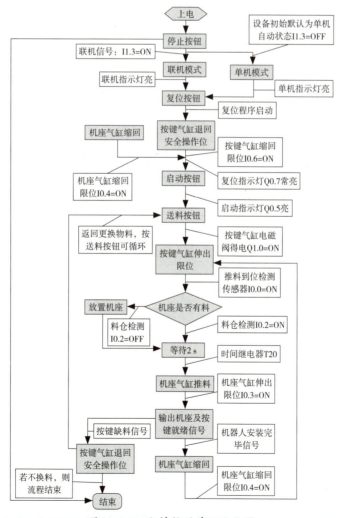

图4-6-1　上料整列单元流程图

二、手机加盖单元的检查

可参照图4-6-2所示的手机加盖单元流程图来检查手机加盖单元的运行情况。

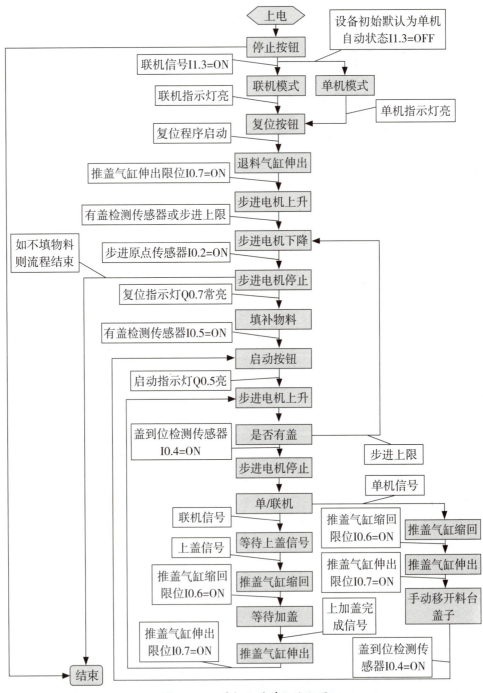

图4-6-2　手机加盖单元流程图

任务实施

一、工具设备准备

实施本任务教学所使用的实训工具及设备器材可参考表4-6-1。

表4-6-1　实训工具及设备器材

序号	分类	名称	型号规格	数量	单位
1	工具	电工常用工具	—	1	套
2		内六角扳手	3.0 mm	1	个
3		内六角扳手	4.0 mm	1	个
4	设备器材	ABB机器人	SX-CSET-JD08-05-34	1	套
5		上料整列模型	SX-CSET-JD08-05-26	1	套
6		加盖模型	SX-CSET-JD08-05-28	1	套
7		三爪夹具组件	SX-CSET-JD08-05-10	1	套
8		按键吸盘组件	SX-CSET-JD08-05-11	1	套
9		夹具座组件	SX-CSET-JD08-05-15A	2	套
10		气源两联件组件	SX-CSET-JD08-05-16	1	套

二、机器人单元控制流程

根据任务要求，画出机器人单元控制流程图，见图4-6-3。

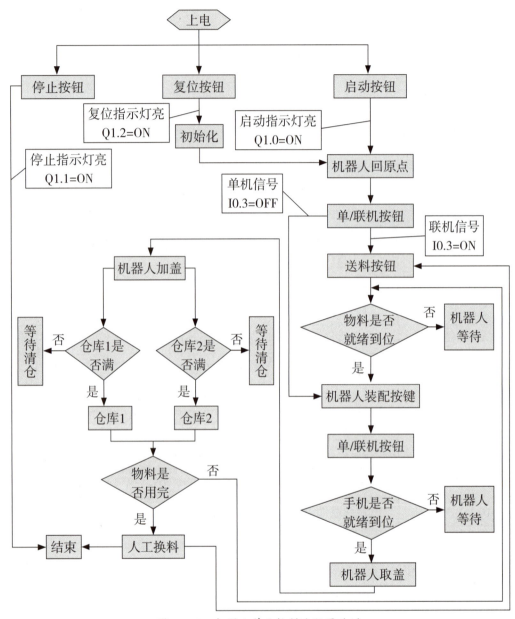

图4-6-3　机器人单元控制流程图（4）

三、I/O功能分配

1. 上料整列单元PLC的I/O功能分配

上料整列单元PLC的I/O功能分配见表4-6-2。

表4-6-2 上料整列单元PLC的I/O功能分配表

I/O地址	功能描述
I0.0	基座到位检测传感器感应，I0.0闭合
I0.1	托盘底座检测传感器感应，I0.1闭合
I0.2	基座仓检测传感器感应，I0.2闭合
I0.3	机座气缸前限位感应，I0.3闭合
I0.4	机座气缸后限位感应，I0.4闭合
I0.5	托盘气缸前限位感应，I0.5闭合
I0.6	托盘气缸后限位感应，I0.6闭合
I0.7	按下托盘送料按钮，I0.7闭合
I1.0	按下启动按钮，I1.0闭合
I1.1	按下停止按钮，I1.1闭合
I1.2	按下复位按钮，I1.2闭合
I1.3	联机信号触发，I1.3闭合
Q0.4	Q0.4闭合，机座气缸电磁阀得电
Q0.5	Q0.5闭合，启动指示灯亮
Q0.6	Q0.6闭合，停止指示灯亮
Q0.7	Q0.7闭合，复位指示灯亮
Q1.0	Q1.0闭合，托盘气缸电磁阀得电

2. 机器人与PLC对应I/O功能分配

根据控制要求，机器人与PLC的I/O功能分配见表4-6-3。

表4-6-3 机器人与PLC对应分配表

序号	PLC I/O地址	功能描述	对应机器人I/O
1	I0.0	按下面板启动按钮，I0.0闭合	无
2	I0.1	按下面板停止按钮，I0.1闭合	无
3	I0.2	按下面板复位按钮，I0.2闭合	无
4	I0.3	联机信号触发，I0.3闭合	无

（续表）

序号	PLC I/O地址	功能描述	对应机器人I/O
5	I1.2	自动模式，I1.2闭合	OUT4
6	I1.3	伺服运行中，I1.3闭合	OUT5
7	I1.4	程序运行，I1.4闭合	OUT6
8	I1.5	异常报警，I1.5闭合	OUT7
9	I1.6	机器人急停，I1.6闭合	OUT8
10	I1.7	回到原点，I1.7闭合	OUT9
11	I2.0	取盖到位信号，I2.0闭合	OUT10
12	I2.1	换料信号，I2.1闭合	OUT11
13	I2.2	装配完成信号，I2.2闭合	OUT12
14	I2.3	加盖完成信号，I2.3闭合	OUT13
15	I2.4	入库完成信号，I2.4闭合	OUT14
16	I2.5	仓库1满，I2.5闭合	OUT15
17	I2.6	仓库2满，I2.6闭合	OUT16
18	Q0.0	Q0.0闭合，机器人上电，电机ON	IN4
19	Q0.1	Q0.1闭合，电机运行	IN5
20	Q0.2	Q0.2闭合，主程序运行	IN6
21	Q0.3	Q0.3闭合，运行	IN7
22	Q0.4	Q0.4闭合，停止	IN8
23	Q0.5	Q0.5闭合，电机停止	IN9
24	Q0.6	Q0.6闭合，机器人异常复位	IN10
25	Q0.7	Q0.7闭合，PLC复位信号	IN11
26	Q1.0	Q1.0闭合，面板运行指示灯（绿）点亮	无
27	Q1.1	Q1.1闭合，面板停止指示灯（红）点亮	无
28	Q1.2	Q1.2闭合，面板复位指示灯（黄）点亮	无
29	Q1.3	Q1.3闭合，动作开始	IN12

（续表）

序号	PLC I/O地址	功能描述	对应机器人I/O
30	Q1.4	Q1.4闭合，有盖信号	IN13
31	Q1.5	Q1.5闭合，盖颜色信号	IN14
32	Q1.6	Q1.6闭合，仓库1清空信号	IN15
33	Q1.7	Q1.7闭合，仓库2清空信号	IN16
34	无	OUT1为ON，快换夹具YV21电磁阀动作	OUT1
35	无	OUT2为ON，工作A YV22电磁阀动作	OUT2
36	无	OUT3为ON，工作A YV23电磁阀动作	OUT3

3. 手机加盖单元PLC的I/O功能分配

根据控制要求，手机加盖单元PLC的I/O功能分配见表4-6-4。

表4-6-4　手机加盖单元PLC的I/O功能分配表

PLC I/O地址	功能描述
I0.0	步进下限位（常闭）
I0.1	步进上限位（常闭）
I0.2	步进原点有信号，I0.2闭合
I0.4	盖到位检测传感器有信号，I0.4闭合
I0.5	有盖检测传感器有信号，I0.5闭合
I0.6	推盖气缸缩回限位有信号，I0.6闭合
I0.7	推盖气缸伸出限位有信号，I0.7闭合
I1.0	按下面板启动按钮，I1.0闭合
I1.1	按下面板停止按钮，I1.1闭合
I1.2	按下面板复位按钮，I1.2闭合
I1.3	联机信号触发，I1.3闭合
I1.4	仓库1检测传感器有信号，I1.4闭合
I1.5	仓库2检测传感器有信号，I1.5闭合
Q0.0	Q0.0闭合，步进电机驱动器得到脉冲信号，步进电机运行

工业机器人应用与调试

（续表）

PLC I/O地址	功能描述
Q0.2	Q0.2闭合，改变步进电机运行方向
Q0.4	Q0.4闭合，推盖气缸电磁阀得电
Q0.5	Q0.5闭合，面板运行指示灯（绿）点亮
Q0.6	Q0.6闭合，面板停止指示灯（红）点亮
Q0.7	Q0.7闭合，面板复位指示灯（黄）点亮

4. 通信地址分配

（1）以太网网络通信地址分配表。

以太网网络通信地址分配见表4-6-5。

表4-6-5　以太网网络通信地址分配表（3）

序号	站名	IP地址	通信地址区域
1	六轴机器人单元	192.168.0.101	MB10—MB11 MB20—MB21 MB15—MB16 MB25—MB26
2	上料整列单元	192.168.0.102	MB10—MB11 MB20—MB21 MB15—MB16 MB25—MB26
3	加盖单元	192.168.0.103	MB10—MB11 MB20—MB21 MB15—MB16 MB25—MB26

（2）通信地址分配表。

通信地址分配见表4-6-6。

表4-6-6　通信地址分配表（3）

序号	功能定义	通信M点	发送PLC站号	接收PLC站号
1	按键就绪信号	M10.0	102#PLC发出	101接收
2	换料信号	M10.1	101#PLC发出	102接收

（续表）

序号	功能定义	通信M点	发送PLC站号	接收PLC站号
3	取盖	M15.0	101#PLC发出	103接收
4	仓库1满	M15.5	101#PLC发出	103接收
5	仓库2满	M15.6	101#PLC发出	103接收
6	手机盖推出	M10.5	103#PLC发出	101接收
7	单元停止	M11.0	101#PLC发出	102、103接收
8	单元复位	M11.1	101#PLC发出	102、103接收
9	复位完成	M11.2	101#PLC发出	102、103接收
10	停止指示灯	M11.3	101#PLC发出	102、103接收
11	复位指示灯	M11.4	101#PLC发出	102、103接收

四、机器人控制程序的设计

根据控制要求，设计出机器人控制程序，并下载到本体。机器人的参考程序如下：

1. 主程序（仅供参考）

```
PROC main（）
        DateInit;
        rHome;
        WHILE TRUE DO
            TPWrite "Wait Start.....";
            WHILE DI10_12=0 DO
            ENDWHILE
            TPWrite "Running: Start.";
            RESET DO10_9;
            Gripper1;
            assemble;
            placeGripper1;
```

```
            j:=j+1;

            IF j>=2 THEN

                    j:=0;

                    i:=i+1;

            ENDIF

            Gripper3;

            SealedByhandling;

            placeGripper3;

            ncount:=ncount+1;

            IF ncount>=4 THEN

                    ncount:=0;

                    i:=0;

                    j:=0;

            ENDIF

        ENDWHILE

ENDPROC
```

2. 初始化子程序（仅供参考）

```
PROC DateInit（ ）

        P12:=p11;

        ncount:=0;

        mcount:=0;

        acount:=0;

        bcount:=0;

        i:=0;

        j:=0;

        RESET DO10_1;

        RESET DO10_2;

        RESET DO10_3;

        RESET DO10_9;
```

```
        RESET DO10_10;

        RESET DO10_11;

        RESET DO10_12;

        RESET DO10_13;

        RESET DO10_14;

        RESET DO10_15;

        RESET DO10_16;

ENDPROC
```

3. 回原点子程序（仅供参考）

```
PROC rHome（ ）

        VAR Jointtarget joints;

        joints:=CJointT（ ）;

        joints.robax.rax_2:=−23;

        joints.robax.rax_3:=32;

        joints.robax.rax_4:=0;

        joints.robax.rax_5:=81;

        MoveAbsJ joints\NoEOffs,v40,z100,tool0;

        MoveJ Home,v100,z100,tool0;

        IF DI10_1=1 AND DI10_3=1 THEN

            TPWrite "Running: Stop!";

            Stop;

        ENDIF

        IF DI10_1=1 AND DI10_3=0 THEN

            placeGripper1;

        ENDIF

        IF DI10_3=1 AND DI10_1=0 THEN

            placeGripper3;

        ENDIF

        MoveJ Home,v200,z100,tool0;
```

Set DO10_9;

TPWrite "Running: Reset complete!";

ENDPROC

4. 加盖入仓子程序（仅供参考）

PROC SealedByhandling（）

```
MoveJ Home,v200,z100,tool0;

MoveJ Offs(p3,150,200,210),v200,z100,tool0;

MoveJ Offs(p3,30,50,100),v150,z100,tool0;

MoveJ Offs(p3,0,0,50),v100,z100,tool0;

RESET DO10_3;

Set DO10_2;

WHILE DI10_13=0 DO

ENDWHILE

MoveL Offs(p3,0,0,0),v50,fine,tool0;

Set DO10_3;

RESET DO10_2;

WaitTime 0.7;

Set DO10_10;

WaitTime 0.8;

MoveL Offs(p3,0,0,50),v50,z100,tool0;

MoveJ Offs(p3,30,50,100),v100,z100,tool0;

MoveJ Offs(p3,150,200,210),v150,z100,tool0;

RESET DO10_10;

MoveJ Offs(p4,-100,-280,200),v200,z100,tool0;

MoveL Offs(p4,0,0,30),v150,z100,tool0;

MoveL Offs(p4,0,0,0),v50,fine,tool0;

WaitTime 0.7;

Set DO10_13;

WaitTime 0.8;
```

```
MoveL Offs(p4,0,0,30),v50,z100,tool0;

MoveL Offs(p4,−100,−280,200),v150,z100,tool0;

RESET DO10_13;

IF (mcount<2 or mcount>=4) and mcount<6 THEN

    WHILE DI10_15=1 DO

    ENDWHILE

    MoveJ Offs(p5,0,100,180),v200,z100,tool0;

    MoveJ Offs(p5,0,0,130),v200,z100,tool0;

    MoveL Offs(p5,0,0,acount*20),v50,fine,tool0;

    RESET DO10_3;

    Set DO10_2;

    WaitTime 0.3;

    Set DO10_14;

    MoveL Offs(p5,0,0,150),v100,z100,tool0;

    acount:=acount+1;

    IF acount=4 THEN

        Set DO10_15;

    ENDIF

    MoveJ Home,v200,fine,tool0;

ELSE

    WHILE DI10_16=1 DO

    ENDWHILE

    MoveJ Offs(p6,0,100,180),v200,z100,tool0;

    MoveJ Offs(p6,0,0,130),v200,z100,tool0;

    MoveL Offs(p6,0,0,bcount*20),v50,fine,tool0;

    RESET DO10_3;

    Set DO10_2;

    WaitTime 0.3;

    Set DO10_14;
```

```
            MoveL Offs(p6,0,0,150),v100,z100,tool0;

            bcount:=bcount+1;

            IF bcount=4 THEN

                  Set DO10_16;

            ENDIF

            MoveJ Home,v200,z100,tool0;

      ENDIF

      mcount:=mcount+1;

      IF mcount>=8 THEN

            mcount:=0;

            acount:=0;

            bcount:=0;

      ENDIF

      RESET DO10_14;

      RESET DO10_2;

ENDPROC
```

5. 手机按键装配子程序（仅供参考）

```
PROC assemble（）

            P12:=p11;

            P12:=Offs(p12,12*i,12*j,0);

            MoveJ Offs(p12,-100,100,100),v150,z100,tool0;

            MoveJ Offs(p12,0,0,20),v200,z100,tool0;

            !12

            MoveL Offs(p12,0,0,0),v40,fine,tool0;

            Set DO10_2;

            Set DO10_3;

            WaitTime 0.2;

            MoveL Offs(p12,0,0,20),v40,z100,tool0;

            MoveJ p1,v200,z100,tool0;
```

```
!Z
MoveJ Offs(p2,0,0,20),v200,z100,tool0;
!2
MoveL Offs(p2,0,0,0),v40,fine,tool0;
RESet DO10_3;
WaitTime 0.1;
MoveL Offs(p2,0,0,20),v100,z100,tool0;
MoveJ Offs(p2,−18,0,20),v100,z100,tool0;
!1
MoveL Offs(p2,−18,0,0),v40,fine,tool0;
RESet DO10_2;
WaitTime 0.1;
MoveL Offs(p2,−18,0,20),v100,z100,tool0;
MoveJ p1,v200,z100,tool0;
!Z
MoveJ Offs(p12,0,60,20),v200,z100,tool0;
!3*
MoveL Offs(p12,0,60,0),v40,fine,tool0;
Set DO10_2;
Set DO10_3;
WaitTime 0.2;
MoveL Offs(p12,0,60,20),v40,z100,tool0;
MoveJ p1,v200,z100,tool0;
!Z
MoveJ Offs(p2,−42,0,20),v200,z100,tool0;
!3
MoveL Offs(p2,−42,0,0),v40,fine,tool0;
RESet DO10_2;
WaitTime 0.1;
```

```
MoveL Offs(p2,-42,0,20),v100,z100,tool0;

MoveJ Offs(p2,-24,0,20),v100,z100,tool0;

!*

MoveL Offs(p2,-24,0,0),v40,fine,tool0;

RESet DO10_3;

WaitTime 0.1;

MoveL Offs(p2,-24,0,20),v100,z100,tool0;

MoveJ p1,v200,z100,tool0;

!Z

MoveJ Offs(p12,30,0,20),v200,z100,tool0;

!45

MoveL Offs(p12,30,0,0),v40,fine,tool0;

Set DO10_2;

Set DO10_3;

WaitTime 0.2;

MoveL Offs(p12,30,0,20),v40,z100,tool0;

MoveJ p1,v200,z100,tool0;

!Z

MoveJ Offs(p2,0,12,20),v200,z100,tool0;

!5

MoveL Offs(p2,0,12,0),v40,fine,tool0;

RESet DO10_3;

WaitTime 0.1;

MoveL Offs(p2,0,12,20),v100,z100,tool0;

MoveJ Offs(p2,-18,12,20),v100,z100,tool0;

!4

MoveL Offs(p2,-18,12,0),v40,fine,tool0;

RESet DO10_2;

WaitTime 0.1;
```

```
MoveL Offs(p2,−18,12,20),v100,z100,tool0;
MoveJ p1,v200,z100,tool0;
!Z
MoveJ Offs(p12,30,60,20),v200,z100,tool0;
!60
MoveL Offs(p12,30,60,0),v40,fine,tool0;
Set DO10_2;
Set DO10_3;
WaitTime 0.2;
MoveL Offs(p12,30,60,20),v40,z100,tool0;
MoveJ p1,v200,z100,tool0;
!Z
MoveJ Offs(p2,−42,12,20),v200,z100,tool0;
!6
MoveL Offs(p2,−42,12,0),v40,fine,tool0;
RESet DO10_2;
WaitTime 0.1;
MoveL Offs(p2,−42,12,20),v100,z100,tool0;
MoveJ Offs(p2,−24,12,20),v100,z100,tool0;
!0
MoveL Offs(p2,−24,12,0),v40,fine,tool0;
RESet DO10_3;
WaitTime 0.1;
MoveL Offs(p2,−24,12,20),v100,fine,tool0;
MoveJ p1,v200,z100,tool0;
!Z
MoveJ Offs(p12,60,0,20),v200,z100,tool0;
!78
MoveL Offs(p12,60,0,0),v40,fine,tool0;
```

```
Set DO10_2;

Set DO10_3;

WaitTime 0.2;

MoveL Offs(p12,60,0,20),v200,z100,tool0;

MoveJ p1,v200,z100,tool0;

!Z

MoveJ Offs(p2,0,24,20),v200,z100,tool0;

!8

MoveL Offs(p2,0,24,0),v40,fine,tool0;

RESet DO10_3;

WaitTime 0.1;

MoveL Offs(p2,0,24,20),v100,z100,tool0;

MoveJ Offs(p2,-18,24,20),v100,z100,tool0;

!7

MoveL Offs(p2,-18,24,0),v40,fine,tool0;

RESet DO10_2;

WaitTime 0.1;

MoveL Offs(p2,-18,24,20),v100,z100,tool0;

MoveJ p1,v200,z100,tool0;

!Z

MoveJ Offs(p12,60,60,20),v200,z100,tool0;

!9

MoveL Offs(p12,60,60,0),v40,fine,tool0;

Set DO10_2;

WaitTime 0.2;

MoveL Offs(p12,60,60,20),v40,z100,tool0;

MoveJ p1,v200,z100,tool0;

!Z

MoveJ Offs(p2,-42,24,20),v200,z100,tool0;
```

!9

MoveL Offs(p2,−42,24,0),v40,fine,tool0;

RESet DO10_2;

WaitTime 0.1;

MoveL Offs(p2,−42,24,20),v100,z100,tool0;

MoveJ p1,v200,z100,tool0;

!Z

MoveJ Offs(p12,90,0,20),v200,z100,tool0;

!#(

MoveL Offs(p12,90,0,0),v40,fine,tool0;

Set DO10_2;

Set DO10_3;

WaitTime 0.2;

MoveL Offs(p12,90,0,20),v40,z100,tool0;

MoveJ p1,v200,z100,tool0;

!Z

MoveJ Offs(p2,−54,24,20),v200,z100,tool0;

!#

MoveL Offs(p2,−54,24,0),v40,fine,tool0;

RESet DO10_2;

WaitTime 0.1;

MoveL Offs(p2,−54,24,20),v100,z100,tool0;

MoveL Offs(p2,12,−15,20),v100,z100,tool0;

!(

MoveL Offs(p2,12,−15,0),v40,fine,tool0;

RESet DO10_3;

WaitTime 0.1;

MoveL Offs(p2,12,−15,20),v100,z100,tool0;

MoveJ p1,v200,z100,tool0;

```
!Z
MoveJ Offs(p12,90,60,20),v200,z100,tool0;
!)
MoveL Offs(p12,90,60,0),v40,fine,tool0;
Set DO10_2;
WaitTime 0.2;
MoveL Offs(p12,90,60,20),v200,z100,tool0;
MoveJ p1,v200,z100,tool0;
!Z
MoveJ Offs(p2,−53,−14,20),v200,z100,tool0;
!)
MoveL Offs(p2,−53,−14,0),v40,fine,tool0;
RESet DO10_2;
WaitTime 0.1;
MoveL Offs(p2,−53,−14,20),v100,z100,tool0;
MoveJ p1,v200,z100,tool0;
!Z
MoveJ Offs(p12,77+6*i,90+6*j,20),v200,z100,tool0;
!DA
MoveL Offs(p12,77+6*i,90+6*j,0),v40,fine,tool0;
Set DO10_2;
WaitTime 0.2;
MoveL Offs(p12,77+6*i,90+6*j,20),v40,z100,tool0;
MoveJ p1,v200,z60,tool0;
!Z
MoveJ Offs(p2,−34,−11.5,20),v200,z100,tool0;
!DA
MoveL Offs(p2,−34,−11.5,0),v40,fine,tool0;
RESet DO10_2;
```

```
        WaitTime 0.1;

        MoveL Offs(p2,-34,-11.5,20),v100,z100,tool0;

        SET DO10_12;

        IF DI10_12=0 THEN

            MoveJ Home,v200,fine,tool0;

        ENDIF

        IF ncount=3 THEN

            SET DO10_11;

        ENDIF

        MoveJ Offs(ppick,-3,-100,220),v150,z100,tool0;

        RESET DO10_12;

        RESET DO10_11;

ENDPROC
```

6. 取放吸盘夹具子程序（仅供参考）

```
PROC Gripper1（ ）

        MoveJ Offs(ppick,0,0,50),v200,z60,tool0;

        Set DO10_1;

        MoveL Offs(ppick,0,0,0),v40,fine,tool0;

        Reset DO10_1;

        WaitTime 1;

        MoveL Offs(ppick,-3,-120,20),v50,z100,tool0;

        MoveL Offs(ppick,-3,-120,150),v100,z60,tool0;

ENDPROC

PROC placeGripper1（ ）

        MoveJ Offs(ppick,-2.5,-120,200),v200,z100,tool0;

        MoveL Offs(ppick,-2.5,-120,20),v100,z100,tool0;

        MoveL Offs(ppick,0,0,0),v40,fine,tool0;

        Set DO10_1;

        WaitTime 1;
```

```
        MoveL Offs(ppick,0,0,40),v30,z100,tool0;

        MoveL Offs(ppick,0,0,50),v60,z100,tool0;

        Reset DO10_1;

        IF DI10_12=0 THEN

            MoveJ Home,v200,z100,tool0;

        ENDIF

    ENDPROC
```

7. 取放平行夹具子程序（仅供参考）

```
PROC Gripper3（）

        MoveJ Offs(ppick1,0,0,50),v200,z60,tool0;

        Set DO10_1;

        MoveL Offs(ppick1,0,0,0),v40,fine,tool0;

        Reset DO10_1;

        WaitTime 1;

        MoveL Offs(ppick1,−3,−120,30),v50,z100,tool0;

        MoveL Offs(ppick1,−3,−120,150),v100,z60,tool0;

ENDPROC

PROC placeGripper3（）

        MoveJ Offs(ppick1,−3,−120,220),v200,z100,tool0;

        MoveL Offs(ppick1,−3,−120,20),v100,z100,tool0;

        MoveL Offs(ppick1,0,0,0),v60,fine,tool0;

        Set DO10_1;

        WaitTime 1;

        MoveL Offs(ppick1,0,0,40),v30,z100,tool0;

        MoveL Offs(ppick1,0,0,50),v60,z100,tool0;

        Reset DO10_1;

    ENDPROC
```

五、机器人点的示教

启动机器人，打开RT ToolBox2软件，学生可自行编程或者下载参考程序，程序下载完毕后，用示教器进行点的示教，示教的主要内容包括：

（1）原点示教。

（2）托盘取按键与手机装配点示教。

（3）手机盖装配点示教。

所需示教点见表4-6-7。机器人参考程序点的位置见图4-6-4～图4-6-6。

表4-6-7　所需示教点（2）

序号	点序号	注释	备注
1	JSafe	机器人初始位置	程序中定义
2	Ppick	取吸盘夹具点	需示教
3	Ppick1	取平行夹具点	需示教
4	P11	托盘按键取料点	需示教
5	P12=P11	托盘按键取料点	需示教
6	P2	手机按键放置点	需示教
7	P3	手机取盖点	需示教
8	P4	手机加盖点	需示教
9	P5	手机仓库放置点一	需示教
10	P6	手机仓库放置点二	需示教

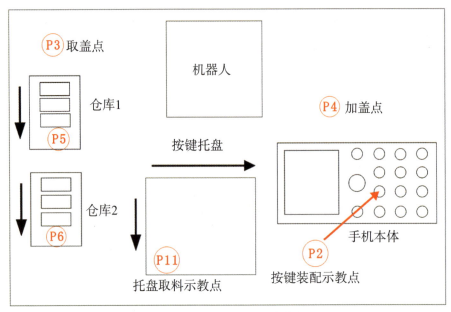

图4-6-4　机器人示教点参考布局

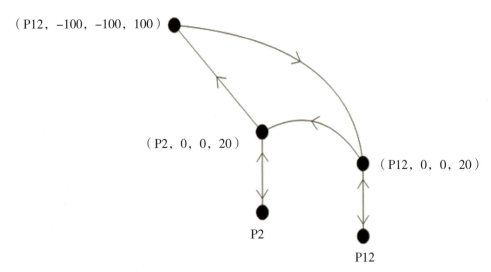

图4-6-5　托盘取按键与手机装配轨迹示教点

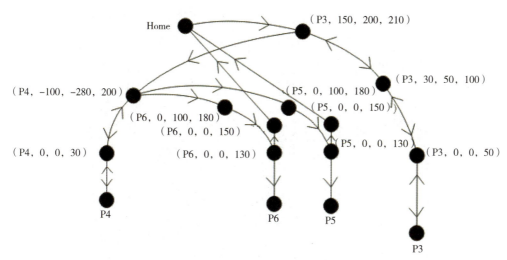

图4-6-6　手机盖装配与入库轨迹示教点

六、整机运行与调试

1. 上电前检查

（1）观察机构上各元件外表是否有明显移位、松动或损坏等现象，如果存在以上现象，及时调整、紧固或更换元件；还要观察输送带上是否放置了物料，若未放置，则要及时放置物料。

（2）对照接口板端子分配表或接线图检查桌面和挂板接线是否正确，尤其要检查24 V电源，电气元件电源线等线路是否有短路、断路现象。

2. 硬件的调试

（1）接通气路，打开气源，手动按电磁阀，确认各气缸及传感器的初始状态。

（2）吸盘夹具的气管不能出现折痕，否则会导致吸盘不能吸取车窗。

（3）槽型光电传感器（EE-SX951）调节。各夹具安放到位后，槽型光电传感器无信号输出；安放有偏差时，槽型光电传感器有信号输出；调节槽型光电传感器位置，使偏差小于1.0 mm。

（4）节流阀的调节：打开气源，用小一字螺丝刀对气动电磁阀的测试旋钮进行操作，调节气缸上的节流阀使气缸动作顺畅、柔和。

（5）上电后按下"联机"按钮，联机指示灯亮，单机指示灯灭，进入联机状态，操作面板如图4-6-7所示，确认每站的通信线连接完好，并且都处于联机状态。

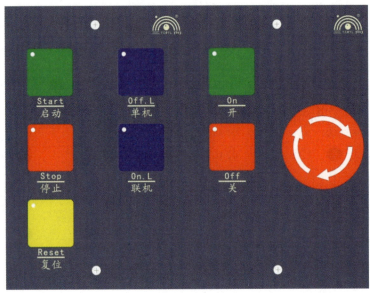

图4-6-7 操作面板

（6）先按下"停止"按钮，确保机器人在安全位置后再按下"复位"按钮，各单元回到初始状态。

（7）可观察到加盖单元的步进升降机构会旋转回到原点。

（8）复位完成后，检测各机构的物料是否按标签标识的要求放好；然后按下"启动"按钮，此时六轴机器人伺服处于ON状态，加盖单元步进升降机构回到原点；最后按下"送料"按钮，系统进入联机自动运行状态。

①在设备运行过程中随时按下"停止"按钮，停止指示灯亮并且启动指示灯灭，设备停止运行。

②当设备运行过程中遇到紧急状况时，请迅速按下"急停"按钮，设备断电。

3. 调试故障查询

本任务调试时的故障查询见表4-6-8。

表4-6-8 故障查询表（10）

故障现象	故障原因	解决方法
设备不能正常上电	电气件损坏	更换电气件
	线路接线脱落或错误	检查电路并重新接线

（续表）

故障现象	故障原因	解决方法
按钮指示灯不亮	接线错误	检查电路并重新接线
	程序错误	修改程序
	指示灯损坏	更换
PLC灯闪烁报警	程序出错	改进程序，重新写入
PLC提示"参数错误"	端口选择错误	选择正确的端口号和通信参数
	PLC出错	执行"PLC存储器清除"命令，直到灯灭为止
传感器对应的PLC输入点没输入	PLC与传感器接线错误	检查电缆并重新连接
	传感器损坏	更换传感器
	PLC输入点损坏	更换输入点
PLC输出点没有动作	接线错误	按正确的方法重新接线
	相应器件损坏	更换器件
	PLC输出点损坏	更换输出点
上电，机器人报警	机器人的安全信号没有连接	按照机器人接线图接线
机器人不能启动	机器人的运行程序未选择	在控制器的操作面板选择程序名（在第一次运行机器人时）
	机器人专用I/O没有设置	设置机器人专用I/O（在第一次运行机器人时）
	PLC的输出端没有输出	监控PLC程序
	PLC的输出端子损坏	更换其他端子
	线路错误或接触不良	检查电缆并重新连接
机器人启动就报警	原点数据没有设置	输入原点数据（在第一次运行机器人时）
机器人运动过程中报警	机器人从当前点到下一个点，不能直接移动过去	重新示教下一个点
	气缸节流阀锁死	松开节流阀
	机械结构卡死	调整结构件

任务考核

对任务实施的完成情况进行检查，并将结果填入表4-6-9内。

表4-6-9　项目四任务六测评表

序号	主要内容	考核要求	评分标准	配分/分	扣分/分	得分/分
1	工作站程序的设计和调试	机器人程序的设计	（1）输入/输出地址遗漏或错误，每处扣5分； （2）梯形图表达不正确或画法不规范，每处扣1分； （3）接线图表达不正确或画法不规范，每处扣2分	40		
		按PLC控制I/O（输入/输出）接线图在配线板上正确安装，安装要准确、紧固，配线导线要紧固、美观，导线要进线槽，导线要有端子标号	（1）损坏元件扣5分； （2）布线不进线槽、不美观，主电路、控制电路每根扣1分； （3）接点松动、露铜过长、反圈、压绝缘层，标记线号不清楚、遗漏或误标，引出端无别径压端子，每处扣1分； （4）损伤导线绝缘层或线芯，每根扣1分； （5）不按PLC控制I/O（输入/输出）接线图接线，每处扣5分	10		
		熟练、正确地将所编程序输入PLC；按照被控设备的动作要求进行模拟调试，达到设计要求	（1）不会熟练操作PLC键盘输入指令扣2分； （2）不会用删除、插入、修改、存盘等命令，每项扣2分； （3）仿真试车不成功扣30分	40		

（续表）

序号	主要内容	考核要求	评分标准	配分 / 分	扣分 / 分	得分 / 分
2	安全文明生产	劳动保护用品穿戴整齐；遵守操作规程；讲文明，懂礼貌；操作结束后要清理现场	（1）操作中，违反安全文明生产考核要求的任何一项扣5分，扣完为止；（2）当发现学生有重大事故隐患时，要立即予以制止，并每次扣5分	10		
合计				100		
开始时间：			结束时间：			

参考文献

李慧，马正先，逄波．2017．工业机器人及零部件结构设计［M］．北京：化学工业出版社．

西门子工业软件公司，西门子中央研究院．2015．工业4.0实战：装备制造业数字化之道［M］．北京：机械工业出版社．

杨杰忠．2018．工业机器人基础［M］．北京：中国劳动社会保障出版社．

叶晖，管小清．2010．工业机器人实操与应用技巧［M］．北京：机械工业出版社．

邹火军，杨杰忠，刘伟，等．2018．工业机器人编程与操作［M］．北京：电子工业出版社．

后记

　　"广东技工"工程教材新技能系列在广东省人力资源和社会保障厅的指导下，由广东省职业技术教研室牵头组织编写。该系列教材在编写过程中得到广东省人力资源和社会保障厅办公室、宣传处、综合规划处、财务处、职业能力建设处、技工教育管理处、省职业技能服务指导中心和省职业训练局的高度重视和大力支持。

　　《工业机器人应用与调试》是由广东三向智能科技股份有限公司牵头，联合广州市机电技师学院、惠州市技师学院、广州市高级技工学校、广东省国防科技技师学院、广州数控设备有限公司、ABB（中国）有限公司等职业院校和企业，组织专业工程技术人员与院校老师共同编写。

　　本教材在编写过程中，得到了广东省人力资源和社会保障厅、广东省职业技术教研室等部门领导的指导和帮助，同时也得到了人社部一体化课改专家张中洲、侯勇志及原广东省维修电工专家组组长梁耀光等专家的指导和帮助。在此表示衷心感谢！

　　由于编写时间仓促以及编者水平有限，教材中不足之处在所难免，欢迎广大读者提出宝贵意见和建议。

《工业机器人应用与调试》编写委员会

2021年7月